Osprey Aircraft of the Aces

Rumanian Aces of World War 2

Dénes Bernád

Osprey Aircraft of the Aces

オスプレイ軍用機シリーズ
45

第二次大戦の
ルーマニア空軍エース

[著者]
デーネシュ・ベルナード
[訳者]
柄澤英一郎

大日本絵画

カバー・イラスト／マーク・ポスルスウェート
カラー塗装図／ジョン・ウィール

カバー・イラスト解説
1944年6月6日、ルーマニア王国空軍のエリート部隊、第9戦闘航空群第48戦闘飛行隊員でBf109G-6「黄色の22」に搭乗するイオン・ドブラン中尉は、高空をソ連に向かうアメリカ陸軍航空隊第325戦闘航空群第317戦闘飛行隊所属のP-51C 2機に対し、奇襲攻撃をかけた。中尉はマスタングの1機（42-103519。操縦者は撃墜6機のエース、バリー・デイヴィス少尉）に命中弾を与えたが、もう1機のマスタング（42-103501。操縦者は撃墜11機のエース、ウエイン・ロウリー中尉）に、高度6000mから地面すれすれまで追いかけられて不時着を余儀なくされた。ドブランは無事だったものの、乗機「グスタフ」は大修理が必要となった。ドブランの9勝利目は目撃証人が得られず、「不確実」にとどまったが、実際、デイヴィス少尉は尾部を半分撃ち飛ばされ、キャノピーも失ったマスタングで、ウクライナのミールゴロドにたどりつき、首尾よく着陸した。ドブランは15勝利をあげて終戦を迎え、ルーマニア空軍の非公式のエース・リストで23位を占めている。以下はこの戦闘について、戦中の彼の日記からまとめたものである。
「私より左側、やや低い位置に機首を赤く塗った飛行機が2機並んでいるのを発見。第56飛行隊のMe109Gだろうか？ いや、アメリカのマスタングだ。ついに、待ち望んでいたときがやってきた！ 注意深く、後方を索敵する。私は単機だ。1機対4機の戦いは、ほとんど自殺行為だとわかっているけれど、攻撃する。標的が照準器のなかで大きくなってゆく。今だ！ 親指で機関砲のボタンを押し、同時に、人差し指で機銃の引き金をひく。カウリングとスピナから火流がほとばしる。曳光弾の助けを借りて、狙いをやや修正。はじめ、アメリカ機は反応しないようだ。ついで胴体に命中、彼はもう1機の腹の下にすべり込んでゆく。本能的に後ろを振り返ると、他のマスタングが向かってくるのが見える。私は急降下、ついで上昇という古典的な脱出法をとる。マスタングが3機、私の後ろにくっついているが、1機だけは危険なほど近い。スピードも上昇力も、当方より優れているようだ。どうやっても、私の後ろから離れない。もう一度、急上昇をしてみたとき、大きなハンマーで打たれたような、最初の被弾のショックが走る。さらに被弾するが、爆発は起こらない。胴体の左側に薄い白煙が見えた。本能的に私はエンジンの回転を落とし、機外脱出に備えるが、思い直して、損傷した機をどこでもいいから降ろすことにする。主脚を下げ、見知らぬ土地に着陸。地面は軟弱で、急に行き足が止まる。アメリカ機からの掃射を心配して、私は機外に飛び出し、空を仰ぐが、何も見えない。ただ、かすかなエンジン音だけが東方に去ってゆくのが聞こえる――」

裏表紙写真
第5戦闘航空群のイオン・ガレア中尉の乗機、Bf109E-7「黄色の47」（製造番号2643）。垂直安定板上の小さな白い3本の撃墜マークに注目。本機の詳細はカラー塗装図22の解説を参照のこと。

凡例
■各国の軍事航空組織については、以下のような日本語訳を与えた。
ルーマニア王国空軍（ARR― Aeronautica Regală Română）
Flotila vânătoare→戦闘機艦隊、Grupul vânătoare→戦闘航空群、Escadrile vânătoare→戦闘飛行隊
ソ連空軍（VVS ―Voyenno-Vozdushniye Sily）
IAD (Istrebitel'naya Avia Diviziya)→戦闘航空師団
IAP (Istrebitel'nyi Avia Polk)→戦闘機連隊
ドイツ空軍（Luftwaffe）
Jagdgeschwader (JG)→戦闘航空団、Schlachtgeschwader (SG)→地上攻撃航空団
アメリカ陸軍航空隊（USAAF→U.S. Army Air Force）
Air Force→航空軍、Fighter Group (FG)→戦闘航空群、Fighter Squadron (FS)→戦闘飛行隊

訳者覚え書き
原著（英語版）はルーマニア語特有のアルファベットを一部しか使用していないため、綴りにi、s、tを含む文中の固有名詞の発音表記には推定によるものもある。ただしエースの名前の読み方については、すべて在日ルーマニア大使館、アリン・イワノフ（Alin Ivanov）二等書記官のご教示を得た。あらためて謝意を表したい。なおルーマニアは「ロムニア」、ブカレストは「ブクレシュティ」が原音に近いが、慣用に従った。訳者注、日本語版編集部注は［　］内に記した。

翻訳にあたっては「Osprey Aircraft of the Aces 54 ― Rumanian Aces of World War 2」の2003年に刊行された版を原本としました。［編集部］

目次 contents

6 序と謝辞
introduction and acknowledgements

8 1章 戦いの背景
background to war

12 2章 「バルバロッサ」からスターリングラードまで
barbarossa to stalingrad

26 3章 新しい機材、新しい任務
new equipment, new tasks

35 4章 1944年──試練の年
1944──year of the crucible

54 5章 陣営を変えて
changing sides

72 6章 高位のエースたち
leading aces

84 付録
appendices
84 ルーマニア軍の戦果算定システム
85 ルーマニア空軍エース 1941-1945

37 カラー塗装図
colour plates
97 カラー塗装図解説

序と謝辞
introduction and acknowledgements

　第二次大戦におけるルーマニア軍戦闘機パイロットたちの功業について著述するのは名誉であり、やりがいのある仕事でもある。英語を母国語とする読者に、ほとんど知られていない「ヴナトリ」(vânători —「狩人」。ルーマニア戦闘機パイロットたちのこと)の偉業を紹介することは、長らく待望されていた。これらの傑出した人々による成果は実際、特筆すべきものである。彼らは空中および地上で1200機を超える飛行機を破壊したと報告したが、たとえこれらの報告をすべて立証することは不可能にせよ、これを達成したのはわずかな人数のパイロットたちだった。その代償として100名を超えるパイロットが戦死したが、彼らの業績はその敵手の最良のものに劣らない。ルーマニア人たちは最もタフな敵と戦ってきた。最初はソ連空軍で、彼らは1944年には強力な相手に成長していた。ついでアメリカ陸軍航空隊、そして最後に、恐らく最強の敵となったのはドイツ空軍だった。

　ARR(ルーマニア王国空軍)の飛行士たちは時代遅れの飛行機で飛ぶことも多く、1943年以降は敵より性能的に劣り、通常は数でも劣勢だったが、連合軍側の相手と同様の熱意、勇気、それに決断力を抱いて強力な敵と戦った。戦争からほぼ60年を経たいま、ルーマニア人たち——および、他の枢軸側の小国の空軍パイロットたち——は、その戦歴の大部分を旗色の悪い陣営で送りはしたものの、士気では連合軍側のパイロットたちに劣りはしなかったと公言することができる。彼らはその信ずる大義——祖国のため——に身命を捧げて戦った。彼らはその敵たちと全く同じく、責任感を抱き、ときには切迫した危険におびえながらも飛行機を飛ばし、ときに死んだ。学校でどう教えられようと、あるいは往々にして間違って"政治的正しさ"の見地から解釈されようと、この事実は無条件の尊敬に値する。

　ルーマニア戦闘機パイロットたちの戦いぶりと業績について、明確な像を手に入れることは容易ではなかった。40年以上にのぼる共産主義の圧制のもとでは、ルーマニアが大戦でソ連と戦ったことは公式には無視された。歴史書は、ルーマニアが枢軸側の陣営を脱して連合国側に単独で加わった1944年8月23日の夜のことから書き始められていた。あの暗い時代、私が訪問した元パイロットたちのほとんどは当初、東部戦線での彼らの経験について語ることを躊躇し、何人かは拒みすらした。少数者であるハンガリー系という私の出自も、ときにはプラスにならなかった。それでも私が彼らの信頼を得たあとでは、彼らはソ連軍、あるいはアメリカ軍とどのように戦ったか、口を開きはじめてくれた。

　限られた範囲のうちでは有名な、彼ら旧軍人たちに実際に面会する以前、私の想像していた彼らは長身で筋骨すぐれ、威厳ある声をもち、「戦士」の地位を確信している人々だった。だが実際は、ほとんどの人がむしろ小柄な、

1944年春、東部戦線で、戦果を収めて出撃から帰還したARRのBf109Gパイロットが誇らしげに翼を振る。テーブルの周りに座るのは、右からアレクサンドル・シェルバネスク大尉（ルーマニア第2位のエース、55勝利）、イオアン・ミル3等准尉（第3位エース、52勝利）、イオアン・ムチェニカ伍長（第8位エース、27勝利）、ハリトン・ドゥセスク中尉（非公式リストでは39位のエース、12勝利）。4年間の戦いで、ルーマニアの戦闘機パイロットは推定で敵機1200機を空中および地上で破壊し、これはARR独特の戦果算定システムの約1800勝利に相当する。その代償に、100名を超える「ヴナトリ」が失われた。

ほっそりとした弱々しい老人で、自分が"実際以上"に見られることを絶えず避けようとしていた。みずからの成功と冒険を語るより、任務を果たすために生命を捧げた旧戦友たちの払った犠牲に話を逸らすことで、彼らはその真の人柄を示すことも多かった。

1989年12月に共産主義体制が崩壊したのち、事態は変わったが、私はそのときすでに国を去っていた。1992年以来、私は毎年、いまでは限られた数の研究者たちに閲覧を許すようになったルーマニアの公文書を調べるために故国を訪ねてきた。ほとんど20年にのぼり発掘作業を続け、ついで重要な公的情報をつなぎ合わせた今、全体像はほぼ明らかとなり、「ヴナトリ」についての書物を著す機は熟したと私は言える。だが完全な物語は今までも語ることが不可能であり、恐らく今後も不可能なこともまた事実である。

ARRのすべての戦果報告の推定95パーセントをデータベースに蓄えたいま、私は我々が「エース」という魅惑的な言葉で呼ぶパイロットたちの仮のリストを作成することができた。このリストはいわば"たたき台"だが、ARRで少なくとも5機の勝利を得たルーマニア戦闘機パイロットたちについての包括的な記録を編纂しようとする、初めての真剣かつ体系的な試みである。だが付録の項で詳しく述べたように、ARRの基準では、空中または地上で敵機を破壊したパイロットは、相手機が備えていたエンジンの基数によって「1もしくはそれ以上」のスコアを与えられたことに注意する必要がある。この戦果算定法は例外的なものながら、公式の基準だったので、本書では一貫して使用した。

ページ数の関係で、「ヴナトリ」と彼らの飛行機についての情報量は制限せざるを得なかった。それでも私はルーマニア戦闘機パイロットたちの業績、成功と失敗、勝利と損失について、公正かつ客観的な説明を提供しえたことを、心から願っている。

その戦闘機に描かれていたマークがどの国のものであれ、みずからの祖国への義務に献身して生命を犠牲にしたすべての人々に、私は最大の賞賛と敬意を捧げるものである。

「エース」たちの"見本"リストを編集する上で貴重な助けとなってくれた、ブカレストのダン・アントニウとゲオルゲ・チコシュには特に感謝したい。以下の旧軍人、同僚、友人たちも助力をしてくれた。（アルファベット順に）── ミハイ・アンドレイ、ヴァレリウ・アヴラム、イオン・ベケレテ、ラズバン・ブジョル、イオアン・ディ・チェザレ、イオン・ドブラン、（故）イオン・ガレア、（故）ヴァシレ・ガヴリリウ、（故）テオドル・グレチェアヌ、ドミトリー・カールレンコ、オヴィディウ・ジェオルジェ・マン、コルネル・マランディウク、ミハイ・モイセスク、コルネル・ナスタセ、ヴィクトル・ニトゥ、（故）ホリア・ポップ、ジャン=ルイ・ロバ、それに（故）イオン・タラルンガ。ブカレストのArhivere Militare Române［ルーマニア軍事関係文書保管所］のスタッフたちも、私の調査に大いに協力してくれた。

本書に収めた写真の大多数は著者の個人的コレクション、およびダン・アントニウとコンスタンティン・ブジョルから提供されたものである。その他にも（アルファベット順に）、ヴァレリウ・アヴラム、クリスティアン・クラチュノユ、フェルディナンド・ダミコ、イオン・ガレア、テオドル・グレチェアヌ、ミハイ・モイセスク、それにピーター・ペトリックが協力してくれた。何枚かの写真はBA、ECPA、MMN、そしてSMPの公文書館から借り受けた。

本書を私の両親、ベルナード・デーネシュ1世とベルナード・カタリン=マルギットに捧げる。ふたりは私が夢を追い続けることを諦めぬよう、つねに励ましつづけてくれた。

デーネシュ・ベルナード
トロントにて
2003年2月

chapter 1
戦いの背景
background to war

　二度の世界大戦にはさまれた期間、ルーマニア王国は東ヨーロッパおよびバルカン諸国のなかで、最も強力で影響力の強い国だった。ソ連からの危険にさらされてはいたが、あの最も発火しやすい地域で、ルーマニアは最大の陸・海・空軍力を保持していた。だが1930年代の後半になると、ルーマニアはいくつかの近隣国から急速に脅かされ始めた。とくにソ連、ハンガリー、ブルガリアが、いずれも20年前に失った土地をルーマニアから取り戻そうとしていた。ただ、第一次大戦後に創設されたポーランド、チェコスロヴァキア、ユーゴスラヴィアなど、北と南西でルーマニアと国境を接する国だけが友好的と考えられていた。

　書類上の戦力はともかく、Aeronautica Regală Română（ARR―ルーマニア王国空軍）の戦闘能力は充分とはいえなかった。飛行機の型式が多く、同様にエンジンも多種多様だったから、整備作業は悪夢のようなものとなった。その結果、可動機数が少なくなり、数だけは多いARRも、再軍備を進めつつある他の多くのヨーロッパ諸国空軍の潮流に比べると、非能率で時代遅れの組織となっていた。

　1930年代には、ヨーロッパの緊張激化により、第一次大戦の結果として創られた、いわゆる「大ルーマニア」の存在自体が脅かされることとなった。ARRの首脳部はついに決断し、1936年6月、再編成計画が発令された。

　第一段階では、旧式化したフランス製およびポーランド製機種が406機の新型機に交代することになっていた――内訳は偵察機60機、観測機および直接協同機132機、戦闘機150機、爆撃機64機である。これらで以後2年半の間に、36個の新しいescadrile（飛行隊）を装備することが可能と考えられた。第二段階では13個の飛行隊を創設するため、さらに飛行機169機――うち105機が戦闘機――の購入が計画されていた。これらの対策は1939年1月1日から1942年4月1日までの間に実行されるはずだった。第三段階では、1944年4月1日までにさらに96機を就役させることとしていた。その時期に

1933年、ルーマニアはフランスから戦闘機を得るという従来の方針を変え、50機のPZL P.11bを発注した。フランス製のノーム・ローヌ星型エンジンを装備したこのポーランド製ガル翼機は、技術が急速に進歩したその後の5年間、ARR戦闘機部隊の主力だった。写真では1939年9月のポーランド戦を経験したドイツ空軍将兵が、新たな同盟国の塗装となったP.11Fに見入っている。背景に見えるフリートF-10G練習・連絡機が、すでに新しい「ミハイ十字」国籍マークを描いているのに、P.11が依然、戦前型の「蛇の目」マークなことから、この写真はマークが変更された1941年5月の撮影と思われる。「白の136」は1941年8月21日早朝、ドネストル川東で8機のI-16と戦った際に大きな損傷を受けたが、パイロットのミルチェア・ドゥミトレスク少尉（第3戦闘航空群所属。未来の13勝利のエース）は、トランスドネストラ地区のエルサスにあった基地に戻ることができた。

は、損耗の補充はするものの、それ以上の戦闘機は不要と考えられていた。国内航空産業の不安定さから、大部分の新型飛行機は輸入されることになった。

1939年4月、その野心的な計画の実現を期して、ルーマニアはフランス、イギリス、ドイツの兵器会社に大掛かりな軍事代表団を送った。代表団は買い物袋を確定発注と契約で一杯にして帰還した。イギリスにはハリケーンMk Iを50機注文し、うち12機は可及的速やかな引渡しを求めていた。ドイツからは"在庫中"だったHe112Bを30機購入、さらにBf109Eも50機を契約した。だがフランスでは不快な驚きがルーマニア人たちを待っていた。フランスはそれまでARRの装備機の大多数を供給してきたのだが、自国空軍からの大量注文に手一杯で、戦闘機の供給をことわったのである。

西欧諸国製の飛行機の到来により、1939年8月12日の時点で、ARRは実戦可能な戦闘機121機を保有していた。当時まだARR戦闘機部隊の主力だったポーランド製のガル型翼機、PZL P.11とP.24のほかに、He112とハリケーンの最初の引渡し分も含まれていた。ヨーロッパで大戦が始まって9カ月以上が過ぎた翌年6月には、第一線機587機のうち、122機が戦闘機だった。内訳はPZL P.24Eが30機、He112Bが30機、Bf109Eが20機、ハリケーンが12機、それに国産のIAR80が30機である。だがIAR80は最初の生産バッチが工場で受領試験中で、実際にはまだ引き渡されていなかった。このように、最新のBf109Eを別格とすれば、前年のラインアップとの最も重要な違いは、旧式化したIAR製PZL P.11B/Fがもはや第一線から姿を消したことだった。つまり1940年半ばには、ARRの主要な戦闘機部隊はすべて近代化されていたのである。

ハリケーンMk I「黄色の1」は通常、独立第53戦闘飛行隊長エミル・ジェオルジェスク大尉の乗機だった。ARRの最初の戦いが終わった時点で、ジェオルジェスクは撃墜確実4、不確実1を認めており、8勝利に達していたが、それ以上の勝利は得られなかった。槍を抱えて馬にまたがるミッキー・マウスの飛行隊マークは、人気のあったディズニー漫画からヒントを得たもの。

そうしたわけで、近隣諸国に比べればルーマニアの戦闘機戦力は優れていたが、原産国の異なる多種の機体の存在は、効率と信頼性の面で依然マイナスだった。可動率と交換部品の欠乏は相変わらずARRのアキレス腱で、可動機数を少なくとも2割から3割、つねに減少させていた。1939年9月半ばに、ポーランド空軍の生き残りがルーマニアに亡命してくると、保有機は思いがけず250機以上もふくらんだが、うち約60機がPZL戦闘機だった。だが何とか戦いに使えそうなのは約30機のP.11Cだけで、ほかのポーランド戦闘機は訓練飛行隊用に格下げされた。

■ 国産戦闘機
Indigenous Fighter

1930年代末からは、ルーマニアの航空機産業も大きく発展し、ブラショフにあったIAR［Industria Aeronautică Română］社はとくに成功を収めた。同社製の始めのころの戦闘機は注文を得られなかったが、1938年遅くになって、IARの設計チームは新しい戦闘機を提案した。IAR80と名づけられたこの機体の一部は、ポーランド製PZL P.24戦闘機と、イタリア製サヴォイア・マルケッティSM.79B爆撃機のライセンス生産で得られた知識に基づいて造られていた。フランス製星型エンジンでドイツ製のプロペラを回す、全金属製低翼単葉、引き込み脚の近代的な飛行機である。だが座席は開放式で、無線装備もなく、火力はライフル口径の7.92mm機銃を主翼に2挺装備しているに過ぎなかった。

それでも、1939年4月に初飛行したIAR80はあらゆる予想を上回る性能を示し、同年12月には空軍と海軍から100機の発注を得た。翌年8月には第二生産バッチの改良型IAR80Aに同数の発注があったが、生産初期型IAR80の最初の20機の引渡しは遅れて1941年2月になった。これは材料の不足、火器の入手遅れ、降着装置のトラブル、エンジンの信頼性不足など、さまざまの原因によるものだった。最初の引渡し機は、Flotila 2 vânătoare（第2戦闘機艦隊）のなかに新しく創設されたGrupul 8 vânătoare（第8戦闘航空群）の第59、60戦闘飛行隊に装備された。次のバッチの30機は4月にティルグソルに到着した。

これと並行してBf109Eも引き渡され、1941年春には、1940年6月1日にハリケーンとBf109Eとで編成されたエリート部隊、第7戦闘航空群に残りの発

1941年春、ベッサラビアの空を哨戒するIAR80のペア。2機とも第8戦闘航空群の所属で、手前の「白の82」のパイロット、アルギル・ポルチェスク少尉は2勝利をあげたのち、1941年10月2日に空中事故で死んだ。その僚機はドゥミトル・ポルチェスク兵長で、同じく2勝利をあげた。両機ともカウリングが通常の枢軸機識別色である黄色でなく、迷彩色に塗られていること、また両機の国籍マーク「ミハイ十字」のスタイルがそれぞれ異なることに注目。

注分30機が領収された。新しい戦闘機の到着により、ARRの戦闘機戦力は第一線機200機以上という頂点に達した。ルーマニアはまさにソ連との戦いに入ろうとしていたが、これにちょうど間に合ったのである。

暴風の時代
Turbulent Times

　第二次大戦が始まったとき、ルーマニアを統治していたのは国王カロル2世だった。彼は1930年に王位につくと、イタリアの独裁者ベニート・ムッソリーニを真似て、しだいに独裁的色彩を強めていった。1940年にソ連、ハンガリー、それにブルガリアに領土を奪われると、王はますます不人気となり、1940年9月6日、退位して18歳になる息子ミハイにあとを譲った［ソ連は当時同盟国だったドイツの同意を得て、1940年6月にルーマニアのベッサラビアと北ブコビナを占領した。ついでドイツとイタリアはルーマニアに、トランシルバニア北部のハンガリーへの割譲を強制、ブルガリアもドイツの支援を得て南部ドブルジャをルーマニアから返還させた］。

　国王の退位により、ルーマニアにおける真の権力は親ドイツ派のイオン・アントネスク将軍（のち元帥）の手に移り、将軍は同日、みずから「統領」（つまり、独裁者）を宣言した。事態はすみやかに進んだ。アントネスクによる権力掌握の10日後、親ドイツ政治グループ「鉄衛団」が唯一の公認政党となり、ルーマニアは「民族軍団国家」を宣言した。10月初め、最初のドイツ軍部隊がルーマニアに到着、翌月、アントネスクはベルリンを訪れて三国同盟に署名した。かくしてルーマニアはしっかりと枢軸陣営に取り込まれた。

　ルーマニア政府は1941年4月、ユーゴスラヴィアへの攻撃に加わらないかというヒットラーの誘いには応じなかったものの、ドイツ空軍がルーマニアの基地から攻撃に飛び立つことは認めた。そして1941年6月22日、ルーマニアはソ連に宣戦した。ルーマニアが両方の陣営で戦い、そのあと45年間をソ連の衛星国として送るという悲劇の舞台が整ったのである。

新しい色
New Colours

　1941年5月半ば、ソ連との戦いに備えて、新しい国籍マーク——マルタ十字を少し変型させたもの——が採用された。ミハイ国王にちなんで、白縁つきの青い「M」の文字を十字の形に並べ、中を黄色で塗り、中央には以前からの赤・黄・青の「蛇の目」を小さく描いたものである。ときには「M」の脚のあいだに、ミハイ1世を表す青い「I」が描かれることもあった。マークは以前は主翼だけにあったが、新しく胴体側面も加えて6カ所に描かれるようになったのも違いだった。ドイツ空軍の規定に合わせ、ARRのすべての飛行機のエンジンカウリングは枢軸軍機の識別色であるクロームイエローに塗られた。さらに、東部戦線で活動するすべての枢軸機同様、軍用機、民間機を問わず、後部胴体と両翼端下面には黄色の帯が描かれた。ルーマニア機のなかには、この帯を翼端上面にも描いたものもあった。

　以前からのオリーヴグリーンとライトブルーの迷彩は変わらなかったが、1941年の早い時期から、ブラショフのIAR製の新機、もしくは輸入機には、オリーヴグリーンの上にアースブラウン（テラコッタ）もしくはダークグリーンの、波状の太い帯が塗られるようになった。例外はイギリスおよびポーラン

ド製機で、もともとの迷彩のまま使われ、基本的には最初のオーバーホールの際に、ARRの基準に合わせた迷彩塗装が施された。

それぞれの機体は固有のシリアルナンバーを与えられ、それまでのように胴体にではなく、垂直尾翼に白（ときには黄色または赤）で記入された。唯一の例外はドイツ製戦闘機で、通常は国籍マークと黄色帯のあいだの胴体にシリアルを描いていた。飛行隊はエンブレムを必ずしも持っているわけではなかったが、一部の戦闘機部隊には、多くの場合、ディズニーの漫画から発想した独自のマークがあった。これらの新しい塗装規定は1941年6月の初頭、ソ連との戦いにちょうど間に合うように実行された。

chapter 2
「バルバロッサ」からスターリングラードまで
barbarossa to stalingrad

1941年6月の半ばには、最も装備の優れた戦闘機群は、計画中のソ連南西地区に対するルーマニア軍およびドイツ軍の攻勢支援を命じられた主要なARR部隊、Gruparea Aeriană de Luptă（GAL—戦闘航空集団）の指揮下に入っていた。GALに配属された戦闘機群は、ともに第1戦闘機艦隊に属するHe112B装備の第5戦闘航空群（第51、52飛行隊）とBf109E装備の第7戦闘航空群（第56、57、58飛行隊）、それに第2戦闘機艦隊に属するIAR80および80A装備の第8戦闘航空群（第41、59、60飛行隊）だった。

6月22日、GALの戦闘機戦力は次のようだった（可動機/非可動機）——23/1 IAR80、23/5 He112B、30/6 Bf109E。合計76/12機である。

おもしろいことに、国産のIAR80を装備した第8戦闘航空群だけが純粋の戦闘機の役割を命じられ、より優れたドイツ製機を装備した第5および第7戦

1941年夏、ブカレスト＝ピペラ飛行場に翼を休める第6戦闘航空群のPZL P.24E。前に立つパイロットはたぶん、第62飛行隊のニコラエ・ソロモン兵長（2勝利）で、1942年9月18日にスターリングラードで戦死する。飛行機の主翼上面と胴体はダークグリーンとアースブラウンで迷彩が施され、下面はライトブルーに塗られている。垂直安定板の上端には、P.24EとあるべきところP.24Pと白文字で書いてあり、理由は不明。背景に第7戦闘航空群のBf109Eが見えることに注目。

第6戦闘航空群の下士官パイロットたちがP.24Eの前で集合写真に納まる。1941年夏、ブカレスト＝オトペニ飛行場で。イオアン・オルテアヌ軍曹（2勝利）、イオシフ・"ジョシュカ"・モラル予備軍曹（13勝利）、グリゴレ・ミンク兵長（勝利なし）らの顔が見える。手塗りの黄色い胴体帯に注目。1941年5月から枢軸機識別色としてARR機に施された。

闘航空群は主として戦闘爆撃と爆撃機護衛任務に当たった。この理由はたぶん、ドイツとルーマニアの協同戦略によるもので、より経験豊富なドイツ空軍戦闘飛行士に決定的な戦闘機任務をおもに託したのであろう。さらに、ハリケーン装備の第53飛行隊が一時的に第5戦闘航空群からComandamentul Aero Dobrogea（ドブロジャ航空軍団）に移管され、当初、戦略的に重要なコンスタンツァ港と、ドナウ川にかかるチェルナヴォダ鉄道橋を含む、黒海沿岸の防衛を命じられた。

沿岸防備のハリケーンと並んで、GALに組み込まれなかったガル翼PZL戦闘機装備の、つぎの二線級3個戦闘航空群が、後部前線地帯と首都を防衛した――第3戦闘機艦隊からはPZL P.11F装備の第3戦闘航空群（第43、44、45飛行隊）と、PZL P.11CとF装備の第4戦闘航空群（第46、49、50飛行隊）、そして第2戦闘機艦隊からPZL P.24EおよびP装備の第6戦闘航空群（第61、62飛行隊）である。

飛行中のPZL P.11F。1941年夏、まだこの型で装備していた第3戦闘機艦隊の2つの戦闘航空群のうち、どちらかの所属機である。595馬力の星型エンジンを装備し、7.92mmブローニングFN機銃4挺で武装したP.11Fは、ソ連空軍のポリカルポフI-15、I-153複葉機と同クラスで、単葉のI-16には劣ると考えられていた。ルーマニアが参戦時に使用していた戦闘機5種のうち、P.11は疑いなく最も旧式で、当然ながら戦果も最も貧しかった。

1941年8月20日、ブカレスト=オトペニ飛行場でPZL P.24Eの前に集まった第61戦闘飛行隊の全隊員。中央に立つのは親部隊である第6戦闘航空群の司令、ニコラエ・"ナエ"・ラドゥレスク少佐。その左が飛行隊長イオアン・カラ大尉で、1942年9月14日、スターリングラード東方でヤクを1機撃墜する。カラとラドゥレスクは3人の少尉、ミハイル・スラヴェスク、レオニド・ソトロバ、それにニコラエ・ニクレスクにはさまれている。戦闘機の火力が貧弱なことに注目。7.92mmのブローニングFN機銃がわずか2挺では、1941年の基準からはまったく不十分だった。

6月22日の時点で、GALに編入されなかった戦闘機部隊の戦闘可能機はハリケーンが10機、P.11が54機、P.24が20機だった。ブカレスト=オトペニ飛行場に基地を置いた第6戦闘航空群が首都防衛にあたる一方、第3、第4戦闘航空群はおもに戦闘爆撃に出動し、主翼下面のラックから2kgの小型榴弾を投下した。副次的役割として阻止任務と敵機迎撃も含まれていた。

このように、「バルバロッサ」作戦の開始時、GALは76機の戦闘機と戦闘爆撃機を保有し、さらに予備として12機があった（GAL保有機の35パーセント）。GAL以外ではPZL戦闘機が102機あり、さらに22機の予備機があった。これにハリケーン13機を加えて全部だった。戦闘機と戦闘爆撃機の合計は225機で、ARRの戦闘用飛行機の約40パーセントを占めていた。

約672機のルーマニア機と、およそ420機のドイツ機は、数量で勝りながら質的には劣った空の赤軍と対決した。Voyenno-Vozdushniye Sily（VVS―ソ連空軍）は、オデッサ軍管区（OdVO）、のち南部方面軍と改称）指揮下の約950機を擁し、カメネツ=ポドリスキーとドナウ川デルタとのあいだの地域をカバーしていた。これはベッサラビア（ソ連領モルダビア）の全部と、隣接するウクライナの地域を包含するものだった。黒海艦隊（ChF）の総計624機も同じ地域で活動した。最後に、長距離爆撃航空軍（DBA）に属する350機の爆撃機のかなりの部分も、ルーマニア攻撃に使用できた。ソ連側は数量的には勝っていたものの（1.6対1と推定されていた）、技術的には枢軸側が有利だった。VVSの軍用機の大部分――ほぼ四分の三――は旧式機だったからである。

最初の流血
First Blood

攻勢の第1日目（6月22日）、戦闘はとりわけ激烈で、「ヴナトリ」はよく義務を果たした。彼らは空中で10機を確実撃墜、2機を不確実に撃墜、地上で8機を破壊、全部で23勝利を収めた。ハリケーンのパイロットたちは、とくに上首尾で、計8機を確実撃墜、1機を不確実に撃墜し、損失はなかった。少なくとも11機の戦闘機が戦闘で損傷し、またエンジンが停止して帰還したが、廃機となったものは1機もなかった。パイロット2名が戦傷を負った。IAR80装備のパトロール隊は4度の戦闘で敵を1機だけ撃墜した。勝利者は第60飛行隊のイオアン・ミハイレスク少尉で、やがて5勝利を、すべて1941年中にあ

げ、エースとなる。だがIAR80は少なくとも4機が戦闘での損傷により不時着し、さらに2機がエンジンに故障を起こした。

「ヴナトリ」のなかの英雄は疑いなく、第51飛行隊のテオドル・モスク少尉だった。正午過ぎ、南部ベッサラビアのブルガリカ飛行場を掃射中に、少尉は数機のI-16に襲われた。それに続く乱戦のなかで、モスクは敵2機を撃墜、3機目は確認できなかった。彼のHe112B(「黒の13」)は戦傷を受け、かろうじて前線に最も近いルーマニアの飛行場、ビルラドにたどり着くことができた。だがこれがテオドル・モスク少尉の輝かしい戦歴の始まりを示すものとならなかったのは、彼がその後、さらに勝利を収めたという証拠が発見されていないためである。

この日、ほかにも2人のパイロットが最初の勝利を収めた。ともにハリケーン装備の第53飛行隊に属するコンスタンティン・ポムツとペトレ・コルデスク両兵長である。両人とも2勝利ずつの公認戦果を収め、やがてARRの最初の戦いでのトップ・エースとなっていく。実際、ポムツはのちに一日で"セヴァスキー"戦闘機2機と双発水上機を1機撃墜、さらに同じ水上機を1機、非公認ながら撃墜し、最初の"即日エース"の座につく。ARRの戦果認定システムのもとでは、彼は6勝利を与えられたのである(同システムについては巻末付録に詳しく説明した)。

6月23日は、戦いは小休止状態となったが、戦闘機の活動は前線と同様、本国防衛隊でも活発で、最も戦果をあげたのは、またもハリケーン部隊だった。そのなかでも最高の成績を収めたのは30歳になるホリア・アガリチ中尉で、コンスタンツァ港の近くで黒海艦隊のSB爆撃機を3機撃ち落した。アガリチはたちまち英雄かつ名士となり、コンスタンツァの人々は夕方までに彼を「ボリシェヴィキを狩る人」と称える歌まで作った。アガリチの名は戦後も長く語り伝えられたが、彼は戦闘機エースだった輝かしい経歴を楽しむことはなかった。

戦争初日のルーマニア・パイロットたちのツキは続かなかった。6月23日、ARR戦闘機4機の喪失が報告され、パイロット3名が失われた。最初に戦死したのは第5戦闘航空群のアンゲル・コドルト伍長で、乗機He112B(「黒の12」)が南部ベッサラビアのボルグラード飛行場でソ連戦闘機に炎上させられたのである。ソ連側記録では第249 IAP(戦闘機連隊)のピョートル・コーザチェンコ大尉にHe112 1機の破壊を認めているが、戦った場所がずいぶん離れていて、信じがたい。ソ連側の報告は恐らく相手機種の誤認による結果と思われる。

戦争最初の二週間の間、ルーマニア戦闘機パイロットたちの主な任務は爆撃機と偵察機の護衛、および地上攻撃だったが、ときどきは戦闘機単独でも出撃した。だが7月2日から3日にかけての夜、プルート川を越えるドイツ・ルーマニア両軍合同の

黒革の飛行服を身につけた氏名不詳の第51戦闘飛行隊員2名が、飛来する飛行機を捜して空を見上げる。後方はグレーに塗られたHe112。場所は、いわゆるトランスドネストラ地区(ルーマニアではトランスニストリア)のドネストル川東岸に近いサルツ飛行場と思われる。森の緑と飛行機のライトグレーはコントラストが強くて、地上では十分な迷彩効果をもたらさなかった。

恐れられていたソ連との戦いで、ホリア・アガリチは典型的な英雄として、ルーマニアの人々に熱愛された。戦中の宣伝機関が、彼の1度の成功を徹底的に利用したのである。戦争第2日目の早朝、アガリチ中尉はエンジン・パネルが外れたままのハリケーン「黄色の3」で緊急離陸し、コンスタンツァ港に襲来した3機のソ連爆撃機を、ひとりですべて撃ち落した。この偉業は夕方までには広く知られ、たちまち彼は国民的英雄となった。その名誉を称えるため、「アガリチ」がたまたま「ボルセヴィチ」(「ボリシェヴィキ」のルーマニア語)と韻が合うことを利用して、「アガリチはボルセヴィチ狩りに行った」と調子よく繰り返す歌まで大急ぎで作られ、すぐにルーマニア中で大流行した。アガリチは撃墜確実6、不確実2、合計13勝利のエースとなったが、それ以後は大きな成功は得られず、ときには敵との戦いを渋ることもあった。そして1944年遅くに"ボルセヴィチ"がルーマニアの権力を握ると、例の歌は再び彼を悩ませることになった。この公式写真で、アガリチは横条2本および剣付き航空有功章(左)と、カロル1世100周年記念メダルを操縦徽章の上に付けている。

攻勢が発動され、ドイツ空軍とARRの戦闘機隊もこの支援に加わった。これにより地上軍支援のための出撃が増え、結果として護衛作戦や自由な索敵出撃が減ったが、敵軍の空中活動が事実上なかったことに助けられた。とはいえ、ソ連軍対空砲火の射手たちは経験を積んで腕を上げつつあった。旧ルーマニア軍パイロットたちの回想によれば、東部戦線の戦い全期を通じて、最も脅威となったのはソ連戦闘機ではなく対空砲火だったという。

　ベッサラビアの戦いは7月12日に頂点に達した。0850時から1940時のあいだに、ARRの爆撃機59機は9波に分かれて、ファルチウ橋頭堡の東のソ連軍目標に休みなく攻撃をかけた。さらに54機の戦闘機が護衛に当たった。敵地上部隊、輸送隊および装甲車両は間断なく爆撃され、掃射された。その結果、始まりかけていたソ連軍の反攻は減速し、やがて停止した。ドイツ・ルーマニア軍とソ連軍戦闘機のあいだには何度か空戦が発生した。ソ連機は、めずらしく多数機が前線に出現した。これをソ連軍もドイツ軍もそれほど重要なこととは見なさなかったが、明らかにルーマニア軍にとってはそうでなかった。

　ARRパイロットについて特記すべき挿話のひとつは、第8戦闘航空群のヴァシレ・クラル少尉の死である。伝えられるところでは、彼は戦場で遭遇したI-16 6機のうち3機を撃墜したのち弾薬が尽きたため、ティガンカ上空で敵戦闘機に乗機IAR80(「白の23」)を体当たりさせた。敵は落ちたが、クラルも生命を失った。だが空中衝突が故意に行われたものか、あるいは戦闘に熱中していたあまりの事故なのかは判然としない。彼の犠牲となったのは恐らく第67 IAPの飛行隊長代理、イリヤ・M・シャマーノフ中尉で、彼も同じ空域で「タラーン」[体当たり]を決行したと伝えられている。同連隊は敵機6機撃墜を報告しているが、ルーマニア戦闘機で未帰還となったのは、クラルを含めて2機に過ぎない。

　クラルの3機の勝利には証拠がなく、衝突による敵1機破壊の記録だけしかない。だが原因はどうであれ、この出来事はたちまちルーマニアの宣伝機関により"国王と祖国"に生命を捧げた好例として歓迎された。

　もうひとり、勇気と義務への献身を示した例が第5戦闘航空群の予備中尉で工学士、イオアン・ラスクだった。損傷を受けた機体で出撃から戻ったラスクは、まだ残った目標を片付けるため前線に戻ると主張した。ラスクの要請は認可され、彼は替わりのHe112B(「黒の1」)で、その日、最後の出撃に飛び立った。ティガンカの砲兵陣地を掃射中、ラスクのHe112Bは小口径火器に撃たれ、彼は致命傷を受けた。クラルもラスクも死後、ルーマニア軍士官に与えられる軍事褒章、「ミハイ勇敢公勲章」(3級)を追贈された。この勲章がARRの隊員に与えられたのはこれが初めてで、連合軍との血なまぐさい戦いを通じて、同章を受けた飛行士は40名に過ぎない。

　損害は出したが、この日、ルーマニア戦闘機パイロットたちは少なくとも6勝利をあげた。IAR80装備の第8戦闘航空群はクラルの戦果を含む4機のソ連戦闘機を撃墜した。他の撃墜者のひとりは第52戦闘飛行隊のイオン・ザハリア少尉だった。彼はラルグタ地区でPZL P.37B「218」号を攻撃している4機のI-16を発見し、うち1機を「炎上」させたのである。

　7月26日、プルート川とドネストル川のあいだの地域はルーマニア軍に確保された。いまやベッサラビアと北ブコビナはソ連の支配から解放され、再びルーマニア王国の一部となったと考えられた。一カ月にわたる戦いののちに

第51戦闘飛行隊の工学士イオアン・ラスク予備少尉は、ソ連との戦い早々に頭部に戦傷を負った。彼は1941年7月12日にティガンカ近くのヴァレア・フルトアベロルでソ連対空砲火に撃たれて戦死しているので、これは恐らく彼の最後の写真のひとつである。ラスクはソ連との開戦わずか48時間後、MiG-3を1機撃墜し、相手はモルダビアのラムニクー・サラト州にあるバルタ・アルバ湖の近くに不時着した。ソ連人パイロットのN・ヴィクトロフ(たぶん146IAP)は捕虜となった。ラスクの勝利はHe112による極めて数少ない空中戦果のひとつで、それはハインケルが戦闘機としてより主に地上攻撃任務を割り当てられていたためだった。純粋の戦闘任務は、より経験豊かなドイツ空軍戦闘飛行士のために取って置かれていた。

ARRの1941年の戦いが終わったのち、生き残ったHe112は1942年7月1日までの短期間、オデッサを基地として沿岸警備にあたった。その後はIAR80からBf109Gに機種転換するパイロットのための練習用機に使われた。写真のHe112B-2「白の30」(製造番号2037)は、このタイプではルーマニアで最後に就役した機体で、1942年遅く、雪の積もったブカレスト=ピペラ飛行場での撮影。コクピット前方に見える白い「エーデルヴァイス」の花は個人マーク。

得た成果である。このあいだ、ARRは延べ5100回にのぼる出撃を行い、そのうち「ヴナトリ」が2162回を占めた。ルーマニア飛行士は空戦で敵88機を撃滅し、その大部分は戦闘機によるものだった。ほかに108機を地上で破壊し、対空砲火で59機を撃ち落した。ルーマニア機は全部で58機が戦闘で失われ、少なくとも18名の戦闘機パイロットが戦闘や事故により死亡、もしくは未帰還となった。

オデッサ争奪戦
The Battle For Odessa

　ドネストル川に到達し、ベッサラビアを奪い返しても戦いは終わらなかった。次は黒海北西岸の港で交通の要衝、オデッサが目標となった。だがルーマニア国内の基地からは、オデッサは飛行機の到達圏外にあった。飛行時間を切り詰め、かつ、すでに延びすぎた補給線を短縮するため、ARRの大部分の戦闘部隊は以前ソ連空軍が使っていた飛行場、もしくは最近、南ベッサラビアに獲得した土地に新しく建設した飛行場に前進することを命じられた。

　戦闘機部隊のいくつかも再編成および再構築の必要があった。8月13日、ひどく消耗した第5戦闘航空群は縮小されて、第51飛行隊だけになった。第52飛行隊は生き残ったHe112Bを兄弟部隊に引渡したのち、同様に消耗したIAR80装備の第42飛行隊と合併した。統合された飛行隊は42/52戦闘飛行隊と改称され、新しいIAR80Aを受領して本国防衛任務に降格させられた。

　新しい前進基地では戦闘機部隊が損耗を補うため、さらなる飛行機を要請していた。だがARRはドイツ側に補充を頼ることができなかった。当時、ドイツ空軍は同盟国の損耗を埋め合わせることを求められていなかったためである。このため、新しい飛行機を受領できるのは国産のIAR80を装備した部隊だけとなり、PZL戦闘機装備部隊のいくつかは同機への機種転換を開始した。

　オデッサ攻防戦は8月8日に始まった。両陣営とも同市と港をきわめて重要視し、空戦は次第に頻繁となった。驚くような空中勝利の数字も報告された。例えば、枢軸側が新しい攻勢を開始した日の夕方、第69 IAPのI-16のパイロットたちはオデッサ上空で12機のBf109Eと遭遇し、うち9機を撃墜したという。だが当日、ルーマニア軍の「エーミール」[Bf109E型の愛称]に損失はなかったし、東部戦線全体でもドイツ空軍のBf109F-4が2機、敵戦闘機により損傷を受けただけだった！　翌日、同じソ連空軍戦闘機連隊のパイロット

たちは20機の敵と格闘戦を戦い、5機のP.24を撃墜したが、味方も2機を失い、もう1機が損傷を受けたという報告を提出した。当日、実際には5機のP.11Fが戦闘で損傷を負ったが、全機が基地に戻った。逆に、ルーマニアのPZLパイロットたちは「ラタ」[I-16] 9機の撃墜を報告している。

19日には、第69 IAPはさらに枢軸機7機の撃墜を、黒海艦隊所属の第9 IAPは8機の撃墜をそれぞれ報告した。またもや、これに該当する枢軸側の損失はほとんど見つからない。ルーマニア側にも誇大な報告はあったが、ソ連側ほどひどくはなかったようだ。8月21日午後、ダルニク上空で、第7戦闘航空群のBf109E数機が、ヤコヴレフYak-1約20機に護衛されたイリューシンIℓ-2 12機と衝突した。ヤクは数日前に第69 IAPに移籍した旧黒海艦隊第8 IAPの機体か、もしくはニコラエフに近いオチェアコフを基地とする黒海艦隊第9 IAPの所属機と思われる。このころ、第46 OShAE (Otdel'naya Shturmovaya Aviatsionnaya Eskadrilya—独立地上攻撃飛行隊)の4機のIℓ-2も第69 IAPの配下にあった。

メッサーシュミットで装備したエリート部隊の指揮官、アレクサンドル・"ポピク"・ポピステアヌ少佐は部隊を率いて戦闘に入った。その前、敵編隊が目に入ったとき、彼は第57戦闘飛行隊の隊長アレクサンドル・マノリウ大尉に、低空を飛ぶシュトルモヴィークの攻撃を命じていた。この日はイタリア人義勇飛行士、ポッジョ・スアーザ公カルロ・マウリツィオ・ルースポリ大尉もマッキC.200に搭乗し、ルーマニア人たちと翼を並べて飛んでいた（本シリーズ第

地上攻撃任務により大きな損失をこうむった第5戦闘航空群は、1941年7月15日、指揮下の第52戦闘飛行隊を第42戦闘飛行隊と合併し、その結果生まれた第42/52戦闘飛行隊を新型のIAR80Aで装備した。写真は新部隊の全パイロットを示す。後列左から公爵ミハイ・ブルンコベアヌ少尉、ヴィクトル・ジェムナ少尉、飛行隊長兼第1小隊長・公爵マリン・ギカ大尉（6勝利以上）、ドゥミトル・エンチオユ兵長（5勝利）。中列左からパナイト・グリゴレ少尉（9勝利、1944年5月5日戦死）、ミハイ・ルカチ少尉、第2小隊長・男爵ラドゥ・ライネク予備中尉（6勝利）、ミルチェア・シミオン伍長（2勝利）。前列左からラドゥ・コスタケ軍曹（2勝利）、フラヴィウ・ザムフィレスク少尉（4勝利、1944年5月22日戦死）、第3小隊長イオアン・マガ3等准尉（29勝利）、ヴラディミル・ボトナル伍長。

15巻『第二次大戦のイタリア空軍エース』を参照のこと)。

「黄色の44」に搭乗するマノリウが第57飛行隊を率いてIℓ-2攻撃に向かう一方、ポピステアヌの指揮する残る10機のBf109E-3は、高度2000mで旋回中のヤクに立ち向かうため上昇した。だがポピステアヌの予想に反して、ソ連戦闘機はルーマニア戦闘機の攻撃を待たず、まだ上昇中の「エーミール」に向けて急降下してきた。Yak-1の最初の高速航過で、ポピステアヌの乗機は胴体とコクピットに銃弾を受けた。37歳の操縦士は傷を負ったが、機外脱出はせず、被弾した戦闘機をマリエンタール付近に着陸させようと試みた。機は墜落し、ポピステアヌは33回目の実戦出撃で死亡した。彼の部下たちはこの戦闘でヤク6機の撃墜を報告したが、それも指揮官の死を埋め合わせるものではなかった。ミハイ国王は第7戦闘航空群を訪れ、ポピステアヌの急ごしらえの棺の上に、感謝のしるしの「ミハイ勇敢公勲章」を手ずから置いた。のちに第7戦闘航空群はポピステアヌの名を、その公式名称に入れることになる。

翌日は、士気高揚の目的で、その強烈な性格から"レウル(ライオン)"の異名のあった第1戦闘機艦隊の司令、ミハイル・ロマネスク中佐が個人的に第7戦闘航空群の指揮をとった。

8月28日は両陣営とも多数回の出撃を記録した。何回か格闘戦が起こり、

1941年、格闘戦でソ連機に撃たれて損傷した乗機Bf109Eのコクピットを信じられぬような表情で見入るニコラエ・ブリレアヌ曹長。小口径の弾丸がコクピットに命中し、パイロットの頭部から数センチのところを通過したが、ブリレアヌは無事に基地に戻った。彼は1941年にあげた空中3機、地上1機の勝利を含む、少なくとも10勝利をあげて終戦を迎えた。

1941年秋、派手に塗られたBf109Eに乗り組んだ第7戦闘航空群の一パイロット。ダイムラー=ベンツ発動機は、たったいま始動し(整備員の左手のクランクに注意)、これからオデッサ地区に出撃する。コクピット下の8本の斜め帯は、知られているどのパイロットのスコアにも合わぬことから、空中だけでなく地上戦果をも含んだものと思われる。パイロットの特定は難しいが、この写真を見たある元パイロットは「こんなに鼻のでかいのはグレチェアヌ伍長しかいない!」と叫んだ。グレチェアヌ伍長は1941年の戦いを7勝利で終えた。

1941年後半、乗機Bf109Eのコクピットでポーズをとる第7戦闘航空群のステファン・グレチェアヌ予備兵長。ARRの最初の戦いが終わったとき、彼は出撃78回でソ連機6機を撃墜(1機は不確実)し、エースとなっていた。1945年までに彼はさらに2機を撃墜、2機を不確実に撃墜し、最終スコアを11勝利にまで伸ばした。

英雄的な行為も生まれた。例えば、第8 IAPから第69 IAPに出向していた海軍パイロット、イワン・S・ベリシュヴィリ中尉は、第3戦闘航空群のイオン・グラマ兵長が操縦していたと思われるPZL戦闘機を追いかけたが、低空を飛んでいたPZLはカルルシュタット付近で大地に激突し、数秒後にベリシュヴィリも墜落した。ソ連公式戦史は、ルーマニア機はベリシュヴィリに体当たりされたのだと主張している。ルーマニア側も第3戦闘航空群第44飛行隊のイオアン・フロレア予備兵長のP.11F「白の137」による、ヴァカルジャニ南西でのもうひとつの体当たりを報告した。戦友とは異なり、フロレアは衝突を生き延び、翌日には帰還して詳細を物語った。

28日、ルーマニア軍はIAR80を1機、P.11Fを2機失い、さらに2機のPZLが銃弾の穴だらけになって帰還した。ソ連軍の損害も大きかった。戦死者のなかには第69 IAPの飛行隊副官でエースだったヴィタリ・T・トポリスキイ中尉の名もあった。個人撃墜4、協同撃墜4を認められていた彼は、クラースヌイ・ペレセレネツ(フロイデンタール地区にある)で5機のルーマニア戦闘機と交戦して倒れたのだった。トポリスキイは死後「ソ連邦英雄」を布告されたが、その死の詳細はわからない。この日、ルーマニア飛行士と対空砲射手は30機もの敵を落としたのだから。

オデッサ攻防戦のクライマックスは4週間後に訪れた。9月21日から22日にかけての夜、ソ連軍はチェバンカ=グリゴリエフカに橋頭堡を築いた。これにより、ルーマニア第4軍は右側面を深刻に脅かされたため、GAL司令部は得られるかぎりの飛行機に、空からの強力な掩護のもとに北へ進撃中のソ連軍を攻撃するよう命令した。22日、ルーマニア機94機——うち62機は戦闘機——は、ソ連陸軍の支配下にあるこの地域へと送られた。10時間の戦闘で、ソ連機9機の撃墜が報告され、10機目は不確実となった。ソ連側は敵20機

1941年9月、オデッサ前線サルツ飛行場で、乗機「エーミール」のコクピットに腰掛けてタバコを一服する第7戦闘航空群第56戦闘飛行隊のイオアン・ムチェニカ兵長。ムチェニカは最初の戦いで素晴らしいスタートを切り、ソ連機7機を撃墜して、1941年10月までにARRスコアを8勝利した。これは1941年のARR非公式勝利リストで12位になる。1944年7月26日に戦闘で重傷を負うが、それまでにムチェニカのスコアは150回の空戦で27勝利に達していた。通常は士官パイロットの僚機として、撃墜機会が少ない立場にあったにもかかわらず、堂々たる戦績である。何カ月も入院していて回復が間に合わず、彼はその450回を上回る出撃数を伸ばすことができなかった。

以上を撃墜したと報告したが、ソ連空軍に実際に落とされたルーマニア戦闘機は1機だけだった。ほかに4機のARR機とイタリア機1機が対空砲火にやられ、また地上で破壊された。

ルーマニア軍パイロットの奮戦により、ソ連軍の進攻は著しく妨げられ、次第に勢いを失って、10月4日から5日にかけての夜、撤退となって終わりを告げた。双方とも大きな損害を出したものの、オデッサ要塞はついに10月16日、ルーマニア軍の手に落ち、東部戦線での最初の戦いは終了した。

決算書
The Reckoning

戦いの興奮が治まると、1941年の戦いでARR戦闘機部隊の得た成果を検討することが可能となった。6月22日から10月16日までのあいだに、GALは延べ4739機の戦闘機を出撃させた。作戦回数は858回で、うち護衛が329回、短距離偵察193回、飛行場防御113回、迎撃112回、自由索敵80回、低空攻撃24回、それに調査飛行7回だった。この数字に、10機のIAR81が実施した2回の急降下爆撃作戦を追加することもできよう。GAL各部門と対空砲部隊は総計266機の敵機を空中もしくは地上で破壊、ほかに215機が未確認で残された。公式には、GALは戦闘118日でわずか戦闘機16機の損失しか認めなかったが、真の数字は明らかにもっと多い。

戦闘機部隊全体では、この戦いを通じて合計延べ8514回の出撃を記録した。ベッサラビア、トランスドネストラ（ルーマニアではトランスニストリア）、それにルーマニア本国上空で、217回の空戦が起こった。飛行時間4417時間で、第1戦闘機艦隊は空中で公認145機、非公認18機の敵機を撃墜、地上で47機を破壊した。第2戦闘機艦隊は102機を撃墜、24機を地上で破壊したと報告、第3戦闘機艦隊は飛行時間5575時間で57機の撃墜を公認された。これらを総計すると、「ヴナトリ」は空中で304機を撃墜、71機を地上で破壊した。爆撃機の機銃手や対空砲を含めたARRの全戦果は、およそソ連機600機に達する。

これらの膨大な主張の多くは明らかに架空のものだった。南部戦線で活動していたソ連機の総数は、たかだか250機から300機に過ぎなかったからである。その全部が破壊されたわけではないから、ルーマニア軍パイロットと砲手たちの戦果報告は約3倍にふくらんでいたように思われ

1941年の戦いで、IAR80のパイロットとしてはトップの11勝利をあげたイオアン・ミク中尉が、乗機に当たったソ連の弾丸孔を指差す。ARRの最初の戦いで、ミクは地上掃射5回を含む112回もの出撃を行い、わずか10回の空戦で敵8機を撃墜した。ミクは大尉となり、13勝利をあげて終戦を迎えた。

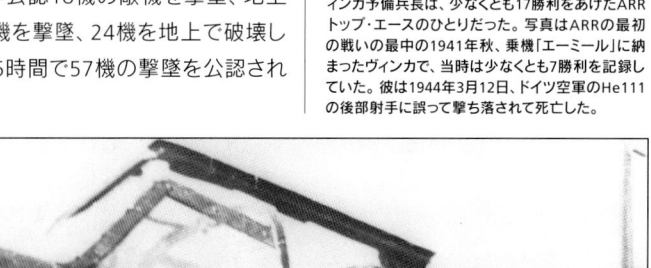

入隊前は村の学校の先生をしていたティベリウ・ヴィンカ予備兵長は、少なくとも17勝利をあげたARRトップ・エースのひとりだった。写真はARRの最初の戦いの最中1941年秋、乗機「エーミール」に納まったヴィンカで、当時は少なくとも7勝利を記録していた。彼は1944年3月12日、ドイツ空軍のHe111の後部射手に誤って撃ち落とされて死亡した。

る。だが誇張はルーマニア人ばかりではなかった。ソ連飛行士たちもまた枢軸機を非現実的なまでに多く撃墜したと主張し、その誇張ぶりはたぶん、もっと大きかったであろう。

　公認撃墜の観点からは、ベッサラビアの戦いでのルーマニア軍トップ・エースはBf109E装備の第7戦闘航空群所属のニコラエ・ポリズ予備中尉で、8機を撃墜し、ARRの勝利点は9に達していた。だが第53飛行隊のハリケーン・パイロット、アンドレイ・ラドゥレスク曹長は公認7機、非公認4機を撃墜、ARRの独特の戦果認定システムに照らせば少なくとも14勝利を得ていた。実際、ルーマニアの基準を適用すれば46名のパイロットがエースになっていたが、西側諸国の基準の5機、もしくはそれ以上の公認空中撃墜を果たしていたのは18名に過ぎなかった。こうした成功にもかかわらず、敵側はARR戦闘機パイロットを、ドイツ空軍よりは危険の少ない相手と見なしていた。あるソ連側の記録にはこうある――

「OdVO（オデッサ軍管区）のパイロットたちにとって幸いなことに、相手機の大多数はルーマニア人だった。彼らは戦友のドイツ人ほど熟練していず危険でもなく、ソ連空軍の不利な点を利用できなかった。ルーマニア機のいくつか――例えば当方のI-15と同級のPZL P.11やP.24――もまた、時代遅れなことが証明されていた」

　この年の終わりまでに、戦闘機59機が戦闘や事故で失われていた。内訳はIAR80/81が20機、PZL P.11Fが18機、Bf109Eが9機、He112Bが5機、PZL P.24が3機、PZL P.11Cが2機、ハリケーンが2機である。この数字は、戦争第1日目に保有していた機数に、そのあと前線で代替機として受領した機数を合わせた数の18パーセントで、ほとんど5機に1機となる。人的損害もまた大きかった。戦闘4カ月で、少なくとも41名の戦闘機パイロットが戦死するか事故死した。だがオデッサ港を占領したので、ルーマニア飛行士たちは休暇のため、あるいは再編成や再装備のための帰国が可能になった。

1941年の秋日和の一日、ARRの最初の戦いから戻り、ピペラ基地の格納庫の近くで、くつろぐ第7戦闘航空群のパイロットたち。左から右へ、ティベリウ・ヴィンカ予備兵長（17勝利以上）、イオアン・シミオネスク予備少尉（5以上）、ニコラエ・ブリレラウ曹長（10以上）、イオアン・ムチェニカ伍長（27）。背景はBf109E「黄色の35」（製造番号2480）で、コクピット前方に勝利を示す帯1本が見える。この機体にはシミオネスクが搭乗することが多かった。

ハリケーン装備の独立第53戦闘飛行隊は、1941年の戦いで最も成果をあげたARR戦闘機部隊で、10月半ばにベッサラビアとオデッサの戦いが終わったとき、ほとんど100に近い勝利を収めていた。代償にはひとりのパイロットを失っただけだった。5勝利のエース、イオアン・ロセスク大尉は、1941年9月12日、マヤキ近くのグロス・リーベンタール上空で69 IAPのI-16と格闘戦の末、戦死した。"ブイウ"・ロセスクの唯一の成功は9月3日に落としたI-16で、ほかに型式不明のソ連爆撃機2機を、みずからが撃墜される直前に落としたと伝えられる。この写真に撮られたハリケーン「黄色の3」の前に立つのは、左から右へ（カッコ内は1941年の各人の合計スコア）、ニコラエ・クルツェル軍曹(1)、アントン・スルブ伍長、コンスタンティン・ポペスク兵長(6)、氏名不詳、ホリア・アガリチ中尉(9)、飛行隊長エミル・ジェオルジェスク大尉(8)、アンドレイ・ラドゥレスク曹長(14以上、1941年のARRトップ・エース)、ヴァシレ・ラガラ伍長、地上勤務員、ラドゥ・コスタケ兵長(2)、それに地上勤務員ペトレ軍曹。1941年の戦いでの上位エース3名はすべてハリケーンのパイロットだった。写真は第53戦闘飛行隊の基地、黒海沿いのママイアでの撮影。

1941年10月17日から1942年8月1日までの間、ルーマニア戦闘機パイロットが戦う機会はほとんどなかった。延べ1021機が出撃しただけで、おもに偵察飛行だった。緊急離陸するときはたいてい、黒海のほうから接近するソ連軍偵察機を迎撃した。その結果は、ソ連機7機が撃墜され、地上または水上で3機が破壊されたに過ぎなかった。

本国では、戦闘機部隊の再編成のあと、ほとんどのPZL戦闘機が前線から下げられ、練習用に回された。このポーランド製戦闘機を使用していた飛行隊の大部分はIAR80を受領したが、十分な機数が入手可能なのはこの機種だけだった。ルーマニア国外からは、損耗をかろうじて補うに足る中古のBf109E-4およびE-7 15機を別にすれば、新しい戦闘機は入ってこなかった。

転換点のスターリングラード
Turning Point At Stalingrad

1942年、枢軸側の戦争努力にルーマニアが最も貢献したのはスターリングラードにおいてだった。遠征軍のうち航空関係部隊は依然GALと呼ばれていたが、主要な戦闘力はいまやCorpul Aerian Român（CAR—ルーマニア航空軍団）と呼ばれる別部隊に集められた。CARには戦闘航空群2個、すなわち、Bf109E装備の第7戦闘航空群（第56、57、58飛行隊）と、IAR80A/B装備の第8戦闘航空群（第41、42、60飛行隊）が配属された。この2部隊と並んで、IAR81と少数のBf109Eからなる第6急降下爆撃航空群（第61、62飛行隊）も前線に送られた［IAR81はIAR80の主翼を50cm延長し、胴体下に振り出し式225kg爆弾架をつけて急降下爆撃を可能にしたもの］。こうして1942年秋、スターリングラード地区で運用可能なARR戦闘機および戦闘/急降下爆撃機の総数は、100機にわずかに足りなかった。

GAL司令部は8月おそくに作戦地帯に移動し、戦闘部隊は9月になって続いた。最初に作戦行動を開始したのは第8戦闘航空群で、次が第6急降下爆撃航空群だった。どちらも前線から20kmほど後方のトゥーゾフ飛行場を基地とした。9月末にはゲオルゲ・クリハナ大尉に率いられて、第7戦闘航空群も

到着した。この部隊が指示された基地は当初トゥーゾフだったが、一週間後にはカルポフカに移った。Bf109のパイロットたちは、スターリングラードの周辺に向けて進撃してゆくドイツおよびルーマニア軍を掩護して、10月初めから作戦行動を開始した。

9月から11月まで、CAR戦闘機パイロットたちのおもな任務はドイツ空軍とARRの爆撃機護衛だったが、飛行場防衛や自由索敵、それに気象偵察飛行も実施した。気温は常に氷点をだいぶ下回り、最大風速30m近い凍るような風が吹くなかでの離陸は一苦労だった。

9月7日から10日にかけて、第8戦闘航空群のIAR戦闘機は毎日決まって飛行場を襲ってくるPe-2爆撃機を3機撃ち落した。スターリングラード地区でも空戦が頻繁に起こり、ミグおよびヤクが何機か、ルーマニア戦闘機に撃墜されたと伝えられた。損失もあり、それも戦闘のせいばかりではなかった。すでに最初の弾丸が発射される以前、IAR80のパイロット2名が空中衝突で死んでいた。その後、ソ連戦闘機および爆撃機による攻撃で他の飛行士や地上勤務員が命を落とし、トゥーゾフでは飛行機が数機、地上で破壊された。

戦闘では、第6急降下爆撃航空群のIAR81のパイロットたちが、IAR80で飛んでいる戦友たちに比べ、いささかも幸運でないことを実証した。多少の戦果はあったが、敵との戦闘あるいは事故で、彼らは何機かの飛行機とパイロットを失っていた。

カルポフカ飛行場をドイツ空軍と共同使用していたエリート部隊、第7戦闘航空群は、より成功を収めていた。この部隊は実質的にドイツ軍の指揮下にあり、同じところから補給を得ていたためである。メッサーシュミットのパイロットたちは天候が許せば毎日4ないし5回出撃した。IAR80部隊と同様、この航空群はおもに護衛、偵察、それに自由索敵飛行を行った。敵の活動が乏しく、天候も悪かったため、空戦は少なかった。それでも少数の勝利が報告され、また9月12日には第57戦闘飛行隊長アレクサンドル・マノリウ大尉が戦死した。後任はアレクサンドル・シェルバネスク中尉で、戦場には出たばかりだったが、やがてARRの最上位のエースになってゆく運命を担っていた。

9月12日はマノリウとその乗機Bf109E、さらに2機のIAR80B(「白の16」と「白の186」)が失われはしたものの、「ヴナトリ」には成功をもたらした日だった。すべてヤクを相手に確実撃墜7機、不確実撃墜5機をあげたのだ。翌日も実り多い日で、確実撃墜4機、不確実撃墜5機をあげ、代償にIAR80を1機失った。9月14日も成功は続き、スターリングラード東のヴォルガ川上空で5機のYak-1の撃墜が報告された。IAR80が1機、戦闘で失われ、第6戦闘航空群のヴァシレ・テオドレスク伍長が敵地上空で機外脱出したが、二度と見つからなかった。彼は第270 IAPのセルゲイ・D・ルガーンスキイ中尉の体当たり攻撃の犠牲となった可能性がある。ルガーンスキイは"ルーマニア軍のHe112"を、彼のYak-1の翼で叩き落としたと述べている。翌日はさらに3勝利が報告され、16日には4勝利、17日は5勝利が続いた。そのあと天候が悪化し、活動は不能となった。

ソ連軍の攻勢
Soviet Offensive

赤軍の冬季攻勢はルーマニア第3軍および第4軍の占領地域において、1942年11月19日と20日にそれぞれ開始された。これにより、航空作戦の焦

1942年9月7日、スターリングラード前線にBf109Eで到着直後のニコラエ・プリレアヌ曹長。制服の胸を飾るのはルーマニアの操縦徽章、ドイツの出撃記念略章、2級鉄十字章の略綬、それに多数の略章。第7戦闘航空群のベテラン、プリレアヌは終戦時には36歳で、少なくとも10勝利をあげていた。のちに彼は戦後の空で成功した極めてまれな「ヴナトリ」のひとりとなり、50種もの飛行機を操縦し、32年間勤務して退役した。

点は切り離された地上部隊への対地支援と、包囲された部隊に物資を補給する輸送機の掩護へと変わった。ソ連軍の猛攻撃のあと、第7戦闘航空群は自らも切り離されていることを知った。事態の重大性が理解されると、カルポフカの人員は防御の準備をした。飛行場にあった数少ない対空火器は砲兵隊として組織され、何よりもまず飛行機を守ることになった。これがちょうど間に合って、11月22日の夕刻、地平線上に現れた最初のソ連軍偵察車両は、即座に対空砲で破壊された。

翌日の夜明け前、ソ連戦車が大挙して襲ってきた。この脅威にどう対処するかというルーマニア人たちの評定は、飛行場越しに発砲した戦車のせいで中途で打ち切りとなった。飛行士たちにとり、解決策はひとつしかなかった——攻撃も暗さも無視して離陸すること。そこで飛行可能な16機のBf109Eすべてが、大急ぎで夜間離陸——パイロットたちはその訓練を受けていなかったが——の準備を始めた。どの戦闘機からも無線装備と装甲板が取り外され、飛べない飛行機のパイロットであれ、地上勤務員であれ、もうひとりが乗れるスペースが設けられた。

色鮮やかに磨き直されたBf109E「黄色の64」（製造番号704）に乗り組んだヴィンカ予備兵長。この機体は以前は第52航空団の補欠中隊所属機だった。コクピットの下に［写真ではよく見えないが］組み合わせ文字と5勝利のマークがあり、それに、この段階でのルーマニア軍の目標地がチョークで書かれている。ヴィンカは1942年から43年にかけてのスターリングラードの戦いを第7戦闘航空群で送り、1943年1月20日にはクディノフ地区でソ連軍のハリケーン1機の確実撃墜を報告した。

飛行機のエンジンが動き出すやいなや、ソ連戦車は飛行場に殺到した。最初に離陸しようとしたメッサーシュミットは直撃弾を浴び、墜落して燃え上がった。ついで、別の2機の戦闘機が暗闇のなかを離陸中に衝突し、双方とも炎上した。だがこの炎のおかげで他のパイロットたちは間に合わせの滑走路を見ることができ、離陸が可能になった。残る全機がカルポフカの地獄から逃れることができた。また近隣の、まだソ連軍に蹂躙されていない飛行場でも事態は同様だった。だがルーマニア軍対空砲手たちは踏みとどまって戦い、大部分が戦死するか捕虜となった。12機のBf109Eが取り残されて、多量の弾薬、燃料、その他の物資ともども、ソ連軍の手に落ちた。

年があらたまってもルーマニア軍の後退は続き、戦闘機パイロットたちは飛行場からまた別の飛行場へと脱出をつづけた。IAR80/81装備の第6および第8戦闘航空群は1943年1月半ば、ついにルーマニアまで引き揚げた。その時点で両航空群のパイロットたちは、33回の空戦で26機を撃墜し、さらに確実15勝利、不確実2勝利をあげた。一方で14機を戦闘で喪失、11機を事故で失い、6機を敵に捕獲された。

ドイツ軍から飛行機の補充を得たおかげで、第7戦闘航空群はわずかな生き残りのHe111Hとともに、スターリノで軍務についた——この臨時のグループはBf109Eが10機、He111Hが6機からなっていた。限られた数の可動機で小規模な活動を続けたのち、この最後のARR部隊は2月半ば、ルーマニア帰

1942年11月、スターリングラードのカルポフカ西飛行場で離陸準備中の第7戦闘航空群所属のBf109E「黄色の45」（製造番号2731）。この機体は11月末のソ連軍の包囲から逃げ延びたが、同航空群は他の「エーミール」12機を放棄した。カウリングには「イレアナ」（女性名）と書かれている。その後「黄色の45」は第5戦闘航空群所属となり、黒海西岸で沿岸警備の任務についた。

還を命じられた。この最後の撤退までに、メッサーシュミットのパイロットたちはYak-1を9機、ハリケーン2機、"カーチス"1機の撃墜を報告し、さらに地上で敵機3機を破壊していた。第7戦闘航空群は22機のBf109Eを戦闘や事故で、もしくは退却途中で放棄して失った。

　スターリングラードの戦いでのトップ・エースは、総数で見れば6勝利をあげた第8戦闘航空群のテオドル・ザバヴァ伍長だった。スコアの内訳は、ヤク3機を空戦で公認撃墜、ヤクとミグを1機ずつ不確実撃墜、もう1機のヤクをマリアン・ドゥミトラスク伍長と協同撃墜していた。だが公認撃墜が最も多かったのはエミル・ドロク大尉（以前はIARのテスト・パイロットで、志願して第6戦闘航空群に勤務）で、ヤクとミグを各2機落とし、さらに非公認だが地上で1機を破壊していた。

chapter 3
新しい機材、新しい任務
new equipment, new tasks

　1943年の春になると、ARRとドイツ空軍の指揮官たちの目にも、ルーマニア軍部隊の装備機の古めかしさが明らかになりはじめていた。ソ連軍に新世代の戦闘機が出現したこと、またARRには新しい任務が計画されていたことからも、ドイツは東ヨーロッパにおける彼らの最も重要な同盟軍を、より近代的な飛行機で装備せざるを得なくなった。ARRの実戦部隊で最初にBf109G——ルーマニア飛行士たちは「ゲウル」と呼んだ——を受領したのは第43戦闘飛行隊だった。以前はP.11を運用していたこの飛行隊は、第7戦闘航空群を強化するため、第3戦闘機艦隊から転属したのである。第7航空群

の、より経験の少ないパイロットたちもBf109Gの飛行訓練を受け、また第9航空群の飛行士たちも同様の訓練を受けた。

　同時に、第7戦闘航空群から経験豊富な20名のパイロットが、東部戦線に展開したドイツ空軍精鋭戦闘機部隊のひとつである第3戦闘航空団「ウーデット」に、一時的に転属した。その目的は、ルーマニア人たちにBf109Gの飛ばし方を教えるだけでなく、実戦を通じて、経験豊かなドイツ軍パイロットから戦術を学ぶ機会を与えることにあった。そうしたわけで1943年3月11日、選ばれたルーマニア人パイロットたちはドニエプロペトロフスク南飛行場へと飛んだ。数日後、ドイツ軍から新品のBf109G-2、G-4/R2、G-4/R6を引き継いだのち、部隊はⅢ./JG 3（第3戦闘航空団第Ⅲ飛行隊）の前進基地、パヴログラードに向けて離陸した。20名のルーマニア人と同数のドイツ軍パイロットは、ドイツ空軍の"エクスペルテ"、エーベルハルト・フォン・ボレムスキ少尉の指揮のもと、「ドイツ・ルーマニア王国戦闘団」(Deutsch-Königlich Romänischen Jagdverband)なる実験的戦闘航空群を結成した。

　3月29日、この部隊の最初の戦闘で、ルーマニア側の隊長ラドゥ・ゲオルゲ少佐――教官としての経験は長かったが、実戦経験はほとんどなかった――は、ソ連戦闘機に撃墜された。だがこの損失にめげず、イオン・パナイテ伍長がIℓ-2を1機撃墜して、ルーマニア人最初の勝利を収めた。そのあと矢継ぎ早に作戦が続き、勝利も増えていった。同様に損失も増え、そのなかにはミハイ勇敢公勲章受章者であるニコラエ・ポリズ＝ミクネスティ予備中尉もいた。1941年の戦いでARRのトップ・エースだったポリズ＝ミクネスティは5月6日に撃墜された。同じ日、ルーマニア人パイロットたちは空中勝利6を収めたが、その半数は、やがてARR第3位のエースとなるイオアン・ミル3等准尉によるものだった。

　1943年6月5日、キロヴォグラードで、ミハイ国王、イオン・アントネスク元帥、それにドイツ空軍高官たちの臨席のもと、「ルーマニア第1航空軍団」(C1AR)

1943年春、より強力な「グスタフ」に機種改変する数週間前、「エーミール」のコクピットに座った未来の「ミハイ勇敢公勲章」受章者、イオン・ディ・チェザレ予備少尉。機体には彼の名の組み合わせ文字と標語 "Hai fetito!"（さあ行け、嬢ちゃん！）、それに1941年、ソ連との戦いの初期に行った地上攻撃での"有効"回数を示す5本の斜め帯が描かれている。なお後者はパイロットのスコアには含まれない。イタリア人の父とルーマニア人の母を持つディ・チェザレは少なくとも23勝利をあげて終戦を迎えた。現在[2003年]、87歳のディ・チェザレ退役大将は2つあるルーマニア退役軍人飛行士協会の一方の会長をつとめ、また小さな王制派政党の党首でもある。

1943年3月半ば、第7戦闘航空群から選抜されたパイロットたちが一時的に、Bf109G装備のドイツ第3戦闘航空団「ウーデット」に移籍し、経験豊富なドイツ軍パイロットから戦術を学んだ。ルーマニア人20名が同数のドイツ空軍パイロットと実験的戦闘機部隊「ドイツ・ルーマニア王国戦闘団」を結成、撃墜104機の「エクスペルテ」、エーベルハルト・フォン・ボレムスキ少尉が指揮をとった。写真中央、騎士十字章を首に付けているのがボレムスキ、左はダン・スクルトゥ大尉（19勝利以上）、右はアレクサンドル・シェルバネスク大尉（55勝利）。出撃630回のベテラン、フォン・ボレムスキは大戦を生き残ったものの、ソ連の監獄で多年を過ごす羽目になり、1963年12月、ハンブルクで事故死した。

第7戦闘航空群第56戦闘飛行隊のイオシフ・モラル予備兵長が、ドイツ空軍から借用した新品のBf109Gを見せびらかす。"グガ"・モラルは少なくとも13勝利をあげて終戦を迎えた。

クラマトルスカヤ基地で、地図を前に次の出撃につき論議する「ドイツ・ルーマニア王国戦闘団」の士官3名。1943年5月初頭の撮影で、左からリヴィウ・"ブイウ"・ムレシャン少尉（10勝利、1943年10月10日死）、ニコラエ・ポリズ予備中尉（11勝利、1943年5月2日もしくは5日死）、イオアン・ディ・チェザレ予備少尉（23勝利以上）。

の復活と、ドイツ＝ルーマニア合同戦闘機隊の解散を記念する大パレードが催され、後者の解散はドイツ空軍とARRパイロットの双方から惜しまれた。3月29日から5月9日のあいだに、ルーマニア人の"半個航空群"は作戦地帯上空に延べ583機の戦闘機、および戦闘爆撃機を送り、14,613kgの爆弾を投下、ソ連機28機を撃墜して、その代償に少なくとも3名のパイロットが戦死した。

合同戦闘機隊の解散により、ルーマニア人たちは原隊である第7戦闘航空群への復帰を命ぜられた。贈られたばかりの「ウーデット航空団戦闘操縦士」バッジを誇らしげに身につけたベテラン飛行士たちは6月6日、ティラスポリに到着し、そこでBf109Gへの機種転換を終えた他のパイロットたちと合流した。間もなく、新しくなった第7戦闘航空群──当時、ARR最強の戦闘機部隊──は、ドネツ川とミウス川上空でのARRの第3次作戦に参加するため、前線に戻った。

第3次作戦
tHe Third Campaign

1943年6月12日、第7戦闘航空団の大部分は司令部を広いマリウポリ飛行場に移動し、そこには第1戦闘機艦隊の司令部も設けられた。「ヴナトリ」のおもな任務はルーマニアとドイツの水平および急降下爆撃機、攻撃機、偵察機を護衛することだった。

ルーマニア第1航空軍団は、地上戦と空戦が熾烈に展開されている東部戦線南端への実戦出動を開始した。こうした状況のもと、ベテラン戦闘機パイロットたちは「ウーデット航空団」で得た経験を最大に生かし、Bf109によって多数の空中戦果をあげた。最初の勝利を得たのは新たに進級した第57飛行隊長アレクサンドル・シェルバネスク大尉で、6月24日、ヤクを1機撃ち落した。彼の僚機クリステア・キルヴァスツァ伍長──やがて31勝利をあげ、下士官のトップ・エースとなる──が2機目のヤクを落として、隊長に並んだ。だが、もっと経験の浅いパイロットたちはそれほどうまく行かなかった。

1943年6月5日、キーロフグラードで、ドイツ・ルーマニア合同戦闘機隊の活動を成功裏に終えることを記念するパレードが開催された。写真はBf109G-2/G-4と、数機のフィーゼラーFi156「シュトルヒ」連絡機が2列に並べられて査閲を待つ光景。向こう側の列の「グスタフ」は3色グレー迷彩(RLM74/75/76)と思われるが、手前左のBf109Gは上面と胴体をダークグリーン(RLM71)で上塗りしている。奇妙なことに、向こうの列の飛行機は胴体の白い識別番号を2個——国籍マークの前後にひとつずつ——書いている。

　戦いの第1週目、Bf109G-4に搭乗した飛行隊長オクタヴ・ペネスク大尉と僚機ミルチェア・フルサク伍長のペアは、果てしないロシアの平原の上で迷子になってしまった。彼らはコンパスを反対方向に読み違え、西に向かわずに東に飛び続け、燃料が尽きてソ連の飛行場に降り、捕虜となった。6月26日、ラウレンティン・カタナ伍長も捕虜仲間に加わった。乱戦のなかでソ連軍のスピットファイアと衝突し、敵地にパラシュート降下したため、これが彼の10勝目の、そして最後の空中勝利となった。彼らは結局、戦争が終わってずいぶん経ってからルーマニアに帰還した。

　7月18日、第7戦闘航空群は9度の出撃に延べ48機が飛び立った。クイビシェフ=ウスペンスカヤ=スラビヤンスク地区でソ連空軍とのあいだに8度、戦闘が起こり、この日、ルーマニア人たちは空前の敵機20機撃墜を報告した。のちにARR司令部は15機の撃墜を公認し、残りは不確実とした。アレクサンドル・シェルバネスク大尉は公認撃墜のうち2機を仕留め、3機目は不確実となった。一方、彼のライバル、コンスタンティン・カンタクジノ予備大尉は3機の撃墜報告のうち1機だけが公認された。

　この一日の撃墜記録が破られた日が、ソ連戦線では2度だけあった。最初は1941年8月28日、つぎが1943年8月16日である。このあとのほうの日、ルーマニア戦闘機パイロットは22機を確実に撃墜し、5機を撃墜不確実に、「ヴナトリ」にとって戦果最大の日となったが、かわりに3名のパイロットを失った。空戦はイジュム、クラマトルスカヤ、ドリナ=ゴラヤ、ボゴロディトノイエの上空で展開され、Iℓ-2、ラグ、ヤク、エアラコブラ、ボストンなどが餌食となった。この日、最高のスコアをあげたのはイオアン・ミルで、Iℓ-2を3機、"B-8"ボストンを2機落とした。ARRの戦果算定システムでは7勝利に相当し、一日の撃墜では最高記録となった。

　1943年7月に戻ると、7月27日の午後、ドイツ空軍の偵察機を護衛中にヤク1機を撃墜したとするコンスタンティン・カンタクジノの報告から、興味深いことが明らかになる。カンタクジノは、ヤクの機首が鮮やかな赤色に塗られていたこと、また敵パイロットの技量からして、自分が落とした敵はエースだったと推量した。ソ連側資料によれば、この日、空戦で失われたソ連の多数機撃墜者はひとりしかいない。第17航空軍第11親衛戦闘飛行師団第106親衛戦闘機連隊のニコライ・F・ヒムーシン中尉で、Yak-1に搭乗し、クピヤンスク上空で戦死している。その死の時点で、彼は192回作戦出動し、49回の空戦

に加わり、11機の撃墜を報告していた。ヒムーシンは死後「ソビエト連邦英雄」の称号を追贈された。

1943年8月14日、ティラスポリでIAR80からBf109Gへの転換教育を終えた第9戦闘航空群の9名のパイロットが、第7戦闘航空群に加わるためクラマトルスカヤに向かうよう命じられた。戦果は急速に増えてゆき、「ウーデット」バッジを制服に飾ったベテランたちはスコアを大幅に伸ばした。だがときには技量も経験も、そして勇気も、敵の圧倒的な数的優勢に勝つためには十分ではな

第7戦闘航空群第57戦闘飛行隊長・シェルバネスク大尉が、戦闘機パイロット特有の身振りで、最近の空戦での自分の戦いぶりを隊員たちに示している。これを見守るのは右から、テオドル・グレチェアヌ中尉（24勝利以上）、ゲオルゲ・フィル伍長（1勝利、1943年8月26日戦死）、氏名不詳（隠れて見えない）、ニコラエ・"コレア"・ナギルネアク少尉（6）。写真は1943年6月、東部戦線の、たぶんマリウポリで撮影。

かった。8月17日、ルーマニアのBf109Gは6機もが空戦で被弾した。そのひとり、「白の28」（製造番号19528）に搭乗した第43飛行隊のコスティン・ジェオルジェスク少尉は15機のヤクとの格闘戦で重傷を負い、病院に運ばれて左腕を切断された。

9月初め、クラマトルスカヤ飛行場は急速に進撃してきたソ連戦車に脅かされ、放棄を余儀なくされた。使用可能な戦闘機はドニエプロペトロフスクとマリウポリに、損傷した機体はメリトポリに送られた。同月遅く、第7戦闘航空群はゲニチェスクへ移動し、そこで最初のBf109G-6を受領した。

10月10日、ルーマニア軍はさらに損害を出した。アゾフ海の北岸、モロトノイエ・リマン上空で、「グスタフ」［Bf109G型の愛称］4機がエアラコブラと格闘戦に入り、全機が撃墜されたのだ。これは「ヴナトリ」とソ連軍との戦いでも、とりわけて苦い記録だった。ルーマニア人のひとりで、Bf109G-4「白の36b」（製造番号19806）に搭乗していた10勝利のエース、リヴィウ・ムレシャン少尉は戦死した。コンスタンティン・ニコアラ兵長だけが1機の戦果をあげたが、彼も負傷した。当時のARRトップ・エース、シェルバネスク大尉も撃墜されたが、燃える乗機Bf109G-6「白の44」（製造番号15854）を前線の近くに不時着させ、ルーマニア山岳部隊に助けられた。

第7戦闘航空群のイオアン・ディ・チェザレ予備少尉がシェルバン・ディアコヌ技術中尉に、乗機メッサーシュミット（「白の38」、製造番号13845）がソ連戦闘機に撃たれたあとを示す。ソ連機は明らかに機銃と機関砲の双方を備えていた。「白の38」はこののち1943年7月21日、コンスタンティン・ウルザケ伍長が搭乗中にソ連対空砲火により30パーセントの損傷を受け、修理のためドイツ軍に引き渡された。

1943年8月13日、暑い真夏の太陽の下、ブカレスト近くのピペラ飛行場で、飛行の合間に食事を楽しむ第6戦闘航空群のパイロットたち。左から、氏名不詳、ゲオルゲ・ポステウカ中尉（2勝利）、ゲオルゲ・コチェバス伍長（8）、ドゥミトル・バチウ中尉（公式10、非公式3）、テオドル・ニコラエスク少尉（2）。背景に駐機している「白の301」はIAR81C最終生産バッチの第1号機で、通常より長いスピナをつけていることに注目。「白の301」は1944年5月18日、アメリカ戦闘機との空戦で撃墜された。

　有名な第9親衛戦闘飛行師団（ポクルイーシキン、クルーボフ、ゴールベス、グリーンカなど、ソ連空軍の最も高名なエースたちが所属していた）が、ローゾフカ飛行場からこの地域に活動していたが、これに該当する戦果報告はまだ同定されていない。ソ連の宣伝機関は直ちに、Bf109G 4機の損失と隊長の死により、精鋭第7戦闘航空群は事実上壊滅したと宣言した。このラジオ放送を聞いたひとりのルーマニア人パイロットは、近くのソ連空軍飛行場の上を飛び、ソ連空軍の代表が休戦旗を持ってルーマニアの基地を訪れ、シェルバネスク本人に会うことをすすめる招待状を投下したといわれる。しかしソ連側は提案に応じなかった——空の騎士道の時代は遠い過去のものだったようだ。

　10月下旬、疲れ果てた第7戦闘航空群の戦友たちと交代するため、第9戦闘航空群（第47、48、56飛行隊）の訓練受けたてのパイロットたちが、ティラスポリから到着した。だが第7航空群の何人かのベテランは残留し、他の人々は5カ月も続いた前線勤務ののち、休暇のために故国に戻った。

「津波」の襲来
Facing The Tidal Wave

　第7戦闘航空団がソ連で優勢な敵空軍と戦っていたあいだ、本国の前線

このBf109G-4（製造番号19522）は、前線用として1943年3月、ドイツ空軍からルーマニア側に貸与された「グスタフ」44機のうちの31機目。第7戦闘航空群のイオアン・ミル准尉が搭乗し、1943年8月19日、ソ連空軍のエースの操るLaGG-3と戦って35パーセントの損傷を受けた。機体は修理のためドイツ側に返還され、かわりの「グスタフ」はARRにより「白の31A」の番号が与えられた。

クラマトルスカヤ飛行場近くに胴体着陸した第7戦闘航空群所属の「白の24」は、イオシフ・"ジョシュカ"・モラル予備兵長（13勝利）の乗機。1943年8月18日の出来事だが、ドイツ側の記録ではその前日のことになっている。原因はパイロットのミスで、機体（製造番号19607）は30パーセントの損傷を受けた。主翼と胴体にもともと描かれていたバルケンクロイツはライトグレーで塗り隠され、その上にルーマニアのマークが描かれていることに注目。垂直安定板のハーケンクロイツと、コクピット下の部隊マークも同じ色で上塗りされた。

は、ずっと不活発なままだった。ルーマニアの昼間戦闘機パイロットたちはガラツィとティラスポリで、ドイツ空軍の運営する戦闘機学校でドイツ機を使って転換訓練を続けていた。

　1943年8月1日、日曜日の朝は見たところ静かで、ルーマニア中の軍人も民間人も温かな夏の日を楽しんでいた。まだ飛行場にいた少数のパイロットも、他のARR人員たちも同様だった。彼らは南西の方角から新たな脅威が自分たちに迫りつつあることを知らなかった。思いがけず、1300時、昼過ぎの静けさを破って、ピンクに塗られた4発爆撃機のゆるやかな大編隊がルーマニアの空に侵入してきた。目標――それはプロイエシュティ油田だと判明するのだが――に近づくと、爆撃隊は超低空まで高度を下げたが、依然として探知されなかった。ワラキア（南部ルーマニア）にあったドイツ軍の「フライア」レーダー網が強い反応を感じ、ぎりぎりのタイミングでドイツ軍とルーマニア軍の戦闘機および対空砲陣地に警報を送った。

　空襲警報のサイレンが鳴ったとき、ドイツとルーマニアの飛行士たちはどちらも、また訓練かと思った。それでも彼らは緊急発進し、「ティグルル」（虎――ブカレスト近郊のピペラにあった戦闘機管制センターの暗号名）の指示した地域に向かった。防衛隊は高空で敵を捜したが、1400時に見つけたとき、爆撃機の大編隊は高度わずか150mで精油所と貯油タンクの上を飛ん

ARRのトップ・エースのひとり、イオアン・マガ3等准尉が1944年7月、出撃を前に、地上勤務員の助けを借りて、のどにつけたマイクを調節する。飛行機だけでなく、飛行服も装備品もドイツ製である。終戦時、マガは約200回の出撃に加わり、50回を超える空戦で計29勝利をあげ、非公式なルーマニアのエース・リストでは第7位だった。

エースたちの集い。1943年8月30日、ルーマニア士官に与えられる戦時の最高勲章「3級ミハイ勇敢公勲章」を受けるため、ウクライナのマリウポリに集合した5人のARR戦闘機パイロットたち、左からコンスタンティン・カンタクジノ大尉、イオアン・ディ・チェザレ予備少尉、テオドル・グレチェアヌ中尉、アレクサンドル・シェルバネスク大尉、イオアン・ミル3等准尉。この公式写真が撮影された当時、彼ら5人は合わせて85機のソ連機を撃墜しており、終戦時にはこの合計(確実・不確実合わせて)は187を超えていた。その大部分が、令名高いBf109により空戦で撃墜されたものだった。これはARRのスコア算定システムでは223勝利になり、枢軸側の小国空軍で戦ったパイロットとしては驚くべき偉業である。このうちシェルバネスクだけが生きて終戦を迎えられなかった。

でいた。ドイツとルーマニアの戦闘機は敵編隊に向けて高速で急降下、無線チャンネルは英語、ドイツ語、ルーマニア語の叫び声、命令、それに罵声で一杯になった。そのあとの戦いは1時間とは続かなかったが、両軍にとって激烈かつ残虐なものだった。アメリカ軍は大きな損害を出した。目標に到達した130機のB-24「リベレーター」のうち、少なくとも36機が戦闘機と対空砲に撃墜されたのだ。

戦いの騒音が静まったのち、防備側は勝利と損失を数えた。ルーマニアの統計によると、ARRの戦闘機隊——ドイツ・ルーマニア混成の第4戦闘航空団第。飛行隊(「プロイエシュティ油田防衛隊」と呼ばれた)に臨時配属されていた第53飛行隊のBf109G、第6戦闘航空群第61、62飛行隊および第4戦闘航空群第45飛行隊のIAR80/81、それに夜間戦闘第51飛行隊(ARR唯一の夜戦部隊)のBf110C——は、B-24の10機撃墜を公認され、2機が不確実撃墜とされた。損失はIAR80BとBf110Cが各1機で、飛行士1名が戦死、他の2名が負傷した。ほかに戦闘機数機が戦傷を受け、あるいは燃料欠乏により不時着した。

ドイツ空軍はB-24Dを7機撃墜し、代わりにBf109GとBf110Eを各1機失い、飛行士2名が戦死したと報告した。対空砲部隊はよく働き、結局、はじめ報告した爆撃機35機撃墜のうち17機を公認された。戦死者は15名だった。さらに多くの「リベレーター」がルーマニア上空でひどい損傷を受け、北アフリカの基地に戻る途中で墜落するか不時着したことは疑いなかった。

アメリカ陸軍航空隊の高官たちとアメリカのマスコミは、この「津波作戦」は成功だったと宣言した。たとえそうであったとしても、その勝利は犠牲が多すぎた。プロイエシュティ精油所は意図されたような完全破壊はされず、ただ損傷を受けただけで、生産量は数週間のうちに攻撃前の水準に戻った。だがこの限られた戦果のためにアメリカ人の払った代価は巨大なものだった。アメリカ陸軍航空隊は翌年まで気づかなかったのだが、この大胆な攻撃の生んだもうひとつの好ましくない結果は、ルーマニアとドイツ合同の防空体制が再編され、強化されたことだった。

このつぎ、1944年4月初めにルーマニアの空に侵攻した連合軍機は、よく組織されて効果的な戦闘機と対空防御組織の出迎えを受けた。攻撃者はほ

とんど粉砕され、アメリカ陸軍航空隊とイギリス空軍は、全ヨーロッパ戦域でも最も高いうちに入る損失率を我慢しなくてはならなかった。

ドイツ空軍戦闘機隊とARRのIAR80/81装備部隊の協同作戦は滅多になく、もしも一緒になるときは、おもに宣伝用だった。これはドイツのパイロットも混じった架空の合同演習風景で、状況説明を受けているひとりは第4戦闘航空団第1中隊長、ヴィルヘルム・"ヴィリ"・シュタインマン大尉。略帽をかぶったルーマニア軍パイロットは全員が第53戦闘飛行隊員で、ホリア・ポップ中尉（2勝利）、イオン・ガレア中尉（12）、IAR80の翼の上に座っているのがヴァレリウ・"ビンボ"・ブズガン伍長（0）。後方のIAR80Aに描かれた、馬にまたがるミッキー・マウスの部隊マークに注目。方向舵は交換されていて、通常あるべき青・黄・赤の縦縞が入っていないのがめずらしい。

ARRとドイツ空軍の協同作戦は少なかったが、ルーマニアとドイツのBf109Gはアメリカ機編隊に対して、ときおり「Sternflug」（シュテルンフルーク＝「星の飛行」）と呼ばれる協同攻撃を実施した。だが異なる機種で装備した部隊のあいだでの緊密な協力は事実上存在せず、この写真のように、Bf109G——第4戦闘航空団第III飛行隊所属機と思われる——が2機のIAR81Cにはさまれる場面は、たぶん宣伝目的のものである。

1944年の初夏、ブロイエシュティ近くのトゥルガオル飛行場から離陸の直前、一ARR将官から最後の指示を受ける第4戦闘航空群第45戦闘飛行隊のイオン・ブルラデアヌ中尉。ブルラデアヌは1943年8月1日、2機のB-24撃墜を公認されていて、使い込まれた乗機IAR80Cのコクピット下に描かれた2本の縦棒がそのことを示している。ブルラデアヌは1944年早くに第1戦闘航空群第64戦闘飛行隊に転属し、同年5月31日、クレジャニ付近でアメリカ戦闘機と格闘戦のすえ戦死した。当時のスコアは12勝利。

chapter 4

1944年——試練の年
1944— year of the crucible

  1944年の新年を、ルーマニア戦闘機パイロットたちは互いに離れた2つの前線で迎えた。東部戦線では小規模な部隊が戦いを続け、残りはアメリカ軍によるさらなる爆撃を予想して、本国の基地にいた。
  東部戦線に展開していたARR戦闘機部隊の主力は第9戦闘航空群だった。1月10日、前線の移動に合わせて、航空群はニコラエフからレペティカ飛行場へ後退を命じられた。ついで3月初めには、オデッサ近くのダルニクまで呼び戻された。この期間を通じて、悪天候、適当な修理施設の欠乏、予備の部品や補給の不足といったことが重なり、航空群の戦力はわずか1個飛行隊に

まで落ちてしまっていた。例えば3月2日、第9戦闘航空群には使用可能なBf109Gは12機しかなかった。

　4月10日、ソ連軍前衛部隊がオデッサ郊外に到達し、2日後にはルーマニア支配下でトランスドネストラ州の首都だったティラスポリが陥落した。その直前、第9戦闘航空群はルーマニア国内に引き揚げ、モルダビアのテクチ飛行場に落ち着いた。そこで航空群は他のARR部隊とともに、北東ルーマニアに侵攻してくるソ連の"蒸気ローラー"を食い止めるはずだった。

　そのあとに続く、5月に頂点に達した空戦では、両軍とも堂々たる数の勝利を主張した。5月だけでARR戦闘機パイロットはソ連機50機撃墜を公認され、別に不確実撃墜が12機あった。ソ連空軍とARR双方の損失データと勝利の報告とを厳密に比較してみると、またもや両軍とも戦果誇大報告が一般化していたという結論に達する。事実、ある有名なロシアの航空史研究者は私信のなかで、モルダビア戦線で戦ったソ連飛行士は5月の攻勢のあいだだけ

このユニークな写真は、ある氏名不詳のIAR81Cパイロットが所属部隊(たぶん第4戦闘航空群)で100機目の敵機撃墜を果たして帰還したらしい情景を示す。もう1枚の看板によれば、これは部隊の出撃延べ3000機目でもあるが、延べ30機出撃あたり敵1機撃墜という戦果は、戦闘機部隊にしてはやや淋しい。1943年から44年にかけての冬の出来事で、当時は雪に覆われたウクライナの黒海北西岸に、つねにひとつは飛行隊が基地を置いていた。記念看板を持ち出す、こうしたドイツ式のお祝いはARRでは、めずらしかった。

ソ連軍の圧力を受けて、第9戦闘航空群はトランスドネストラ地区のオデッサに近いタタルカ飛行場まで後退した。第9航空群のこのBf109G-4「白の3a」は新基地到着の当日、1944年3月12日に撮影されたもの。ドイツ空軍の冬季用黒革ブーツをはいて手前に歩いてくる同機のパイロット(右から2人目)は航空群のトップ・エースのひとり、ティベリウ・ヴィンカ予備兵長で、少なくとも17勝利を公認されていた。この日の後刻、ヴィンカは248回目の出撃で、ドイツ軍のHe111に確認のため接近したところを、後部射手に誤って撃たれて死亡した。

解説は97頁から

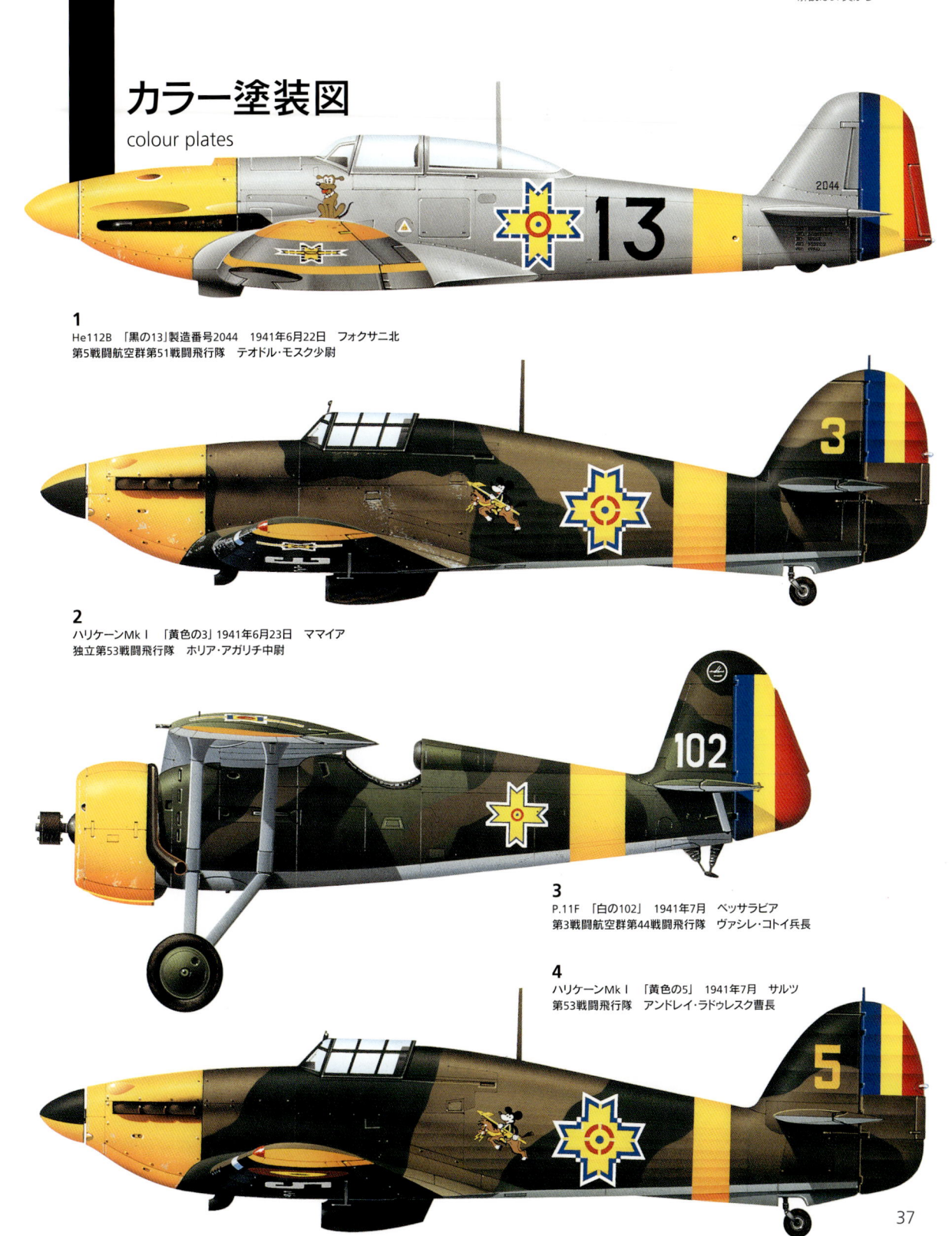

カラー塗装図
colour plates

1
He112B 「黒の13」製造番号2044　1941年6月22日　フォクサニ北
第5戦闘航空群第51戦闘飛行隊　テオドル・モスク少尉

2
ハリケーンMk I 「黄色の3」1941年6月23日　ママイア
独立第53戦闘飛行隊　ホリア・アガリチ中尉

3
P.11F 「白の102」　1941年7月　ベッサラビア
第3戦闘航空群第44戦闘飛行隊　ヴァシレ・コトイ兵長

4
ハリケーンMk I 「黄色の5」　1941年7月　サルツ
第53戦闘飛行隊　アンドレイ・ラドゥレスク曹長

37

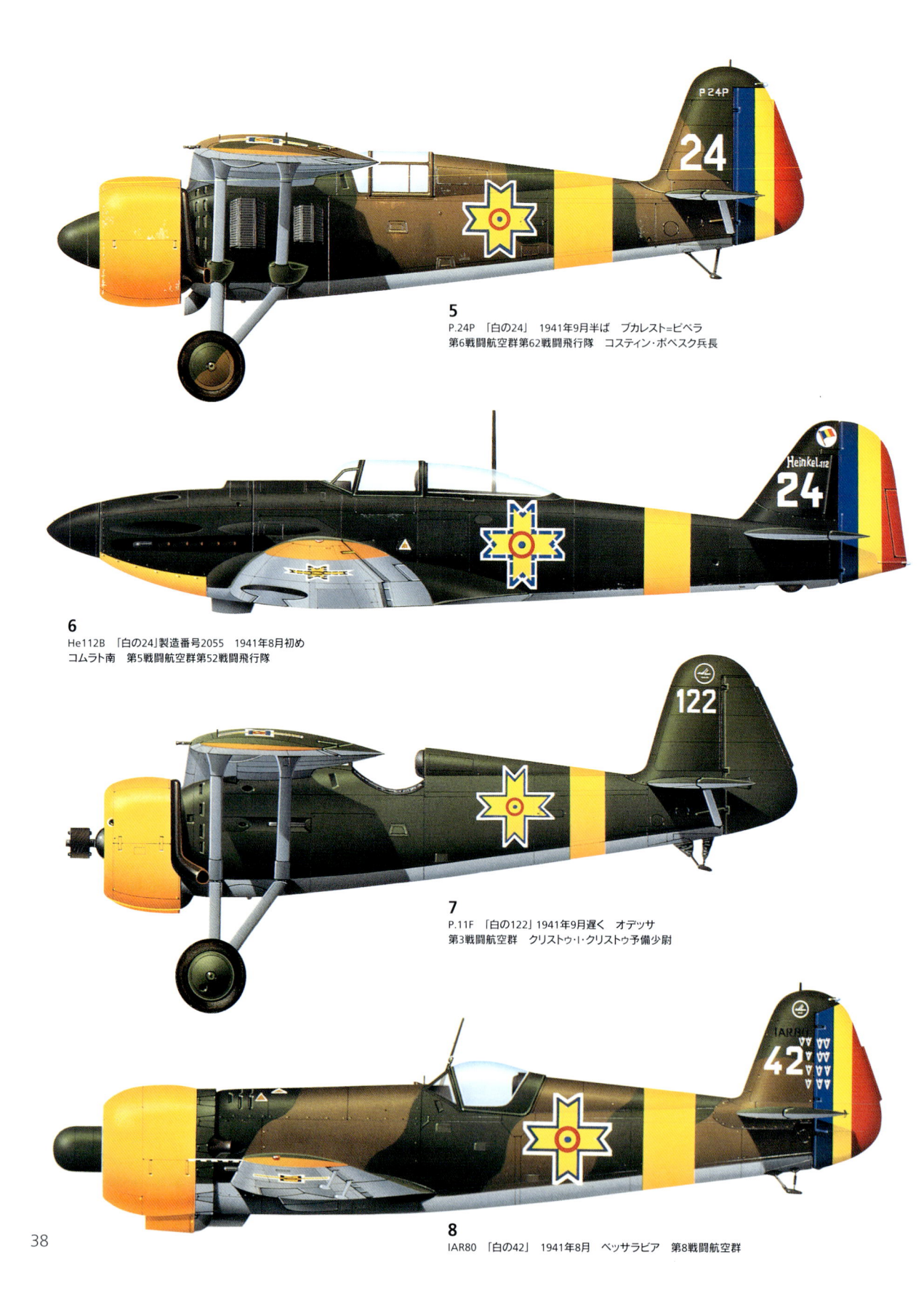

5
P.24P 「白の24」 1941年9月半ば ブカレスト=ピペラ
第6戦闘航空群第62戦闘飛行隊 コスティン・ポペスク兵長

6
He112B 「白の24」製造番号2055 1941年8月初め
コムラト南 第5戦闘航空群第52戦闘飛行隊

7
P.11F 「白の122」 1941年9月遅く オデッサ
第3戦闘航空群 クリストゥ・I・クリストゥ予備少尉

8
IAR80 「白の42」 1941年8月 ベッサラビア 第8戦闘航空群

9
Bf109E-3 「黄色の35」製造番号2480　1941年7月遅く　キシニョフ
第7戦闘航空群第58戦闘飛行隊

10
IAR80A 「白の86」　1941年7月　南ベッサラビア
第8戦闘航空群第41戦闘飛行隊　イオアン・ミク中尉

11
Bf109E-3 「黄色の26」　1941年9月初め　ベッサラビア　サルツ
第7戦闘航空群第57戦闘飛行隊　ステファン・グレチェアヌ予備兵長

12
Bf109E-3 「黄色の11」製造番号2729　1942年晩夏　ブカレスト=ピペラ
第7戦闘航空群　アレクサンドル・シェルバネスク中尉

13
IAR80B 「白の199」 1942年9月 スターリングラード地区
第8戦闘航空群第60戦闘飛行隊長 エミル・フリデリク・ドロク大尉

14
Bf109E-7 「黄色の64」製造番号704 1942年遅く スターリングラード
第7戦闘航空群 ティベリウ・ヴィンカ予備伍長

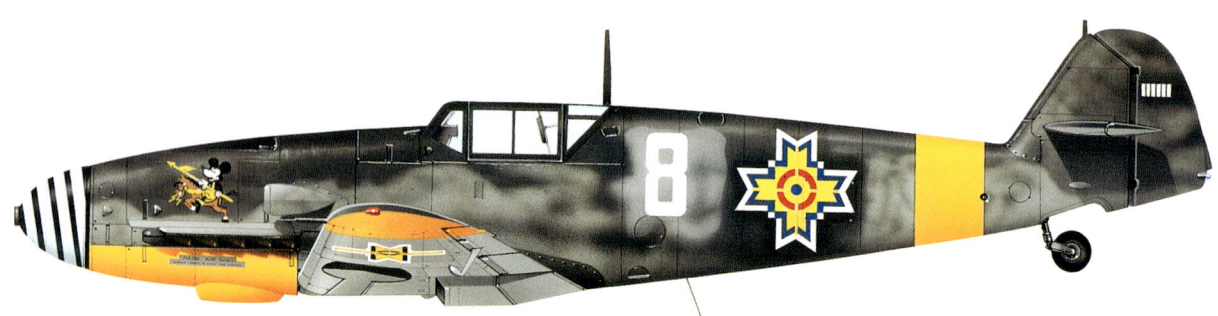

15
Bf109G-2 「白の8」(たぶん製造番号10360) 1943年7月 ミジル
第53戦闘飛行隊 ステファン・"ベベ"・グレチェアヌ予備伍長

16
Bf109G-4 「白の4」製造番号19546 1943年夏 南ウクライナ
第7戦闘航空群第58戦闘飛行隊長 コンスタンティン・カンタクジノ予備大尉

17
IAR80C 「白の279」 1943年8月 プロイエシュティ近郊 トゥルグソルル・ノウ飛行場
第4戦闘航空群第45戦闘飛行隊長 イオン・ブルラデアヌ中尉

18
Bf109G-2 「白の1」（たぶん製造番号14680） 1943年8月 ミジル
ドイツ・ルーマニア合同第4戦闘航空団第I飛行隊配属 第53戦闘飛行隊

19
Bf110C-1 「黒の2Z+EW」製造番号1819 1943年8月1日 プロイエシュティ
第6夜間戦闘航空団第12中隊（ルーマニア側記録では第51夜間戦闘飛行隊）

20
Bf109E-3 「黄色の45」製造番号2731 1943年夏 ママイア
第5戦闘航空群第52戦闘飛行隊長 ゲオルゲ・イリエスク大尉

21
HS129B-2 「白の126a」製造番号141274　1943年10月
第8地上攻撃航空群　テオドル・ザバヴァ伍長

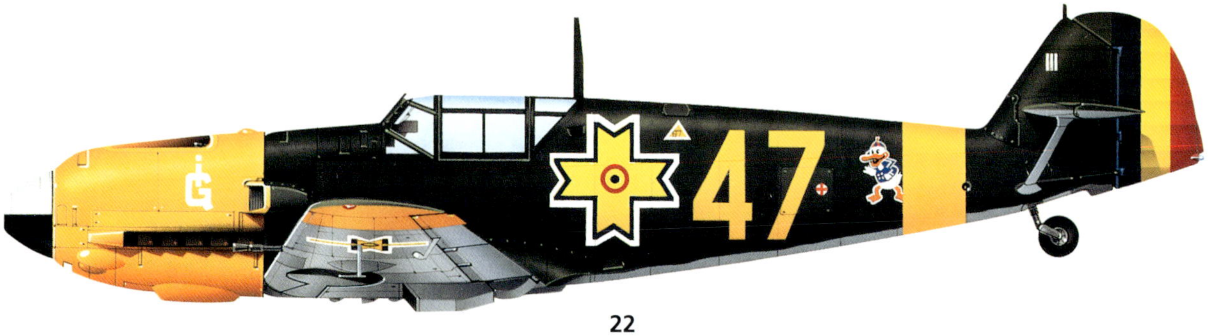

22
Bf109E-4 「黄色の47」製造番号2643　1943年遅く　ママイア
第5戦闘航空群第52戦闘飛行隊　イオン・ガレア少尉

23
IAR81C 「白の341」　1944年2月　ポペスティ=レオルデニ飛行場
第6戦闘航空群　ドゥミトル・"タケ"・バチウ少尉

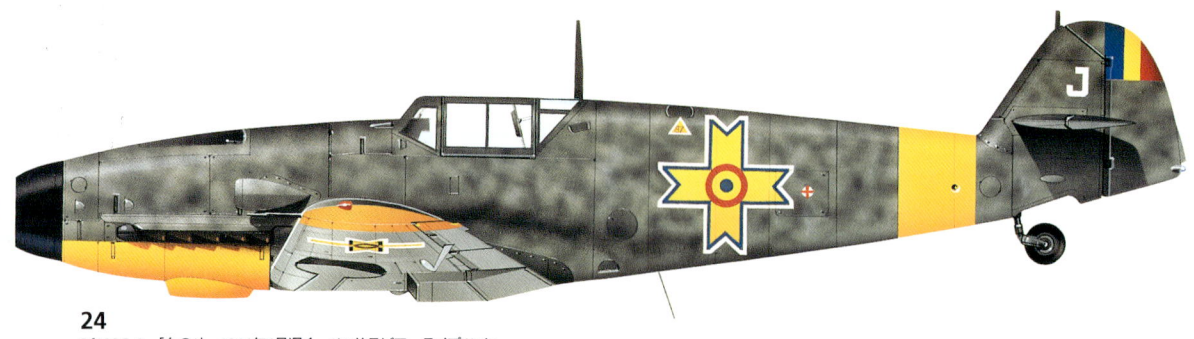

24
Bf109G-4 「白のJ」　1944年4月遅く　ベッサラビア　ライプツィヒ
第7戦闘航空群第57戦闘飛行隊　ダン・スクルトゥ大尉

25
IAR80A 「白の97」 1944年5月5日 プロイエシュティ
第1戦闘航空群 ドゥミトル・ケラ伍長

26
IAR81C 「白の344」 1944年6月10日 ポペスティ=レオルデニ
第6戦闘航空群司令 ダン・ヴァレンティン・ヴィザンティ大尉

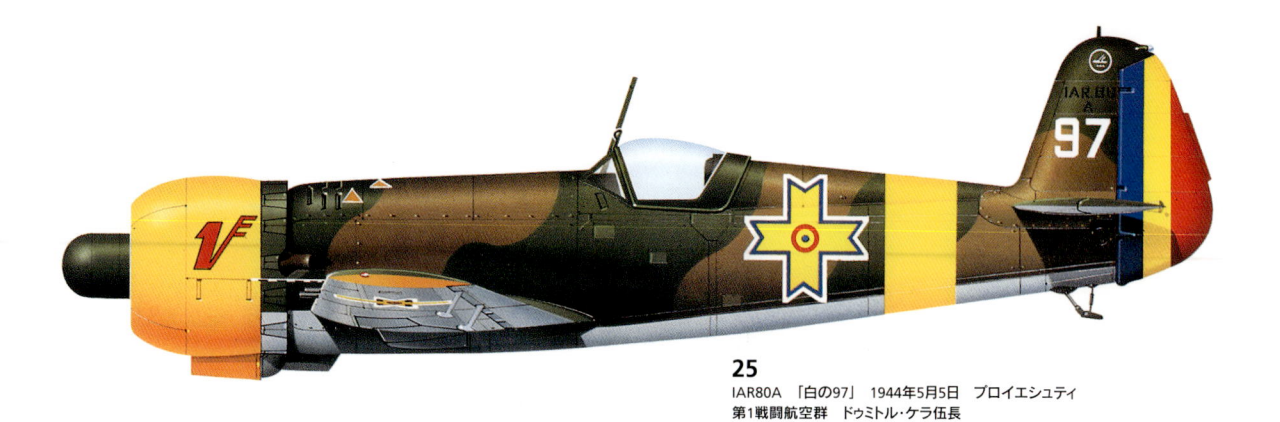

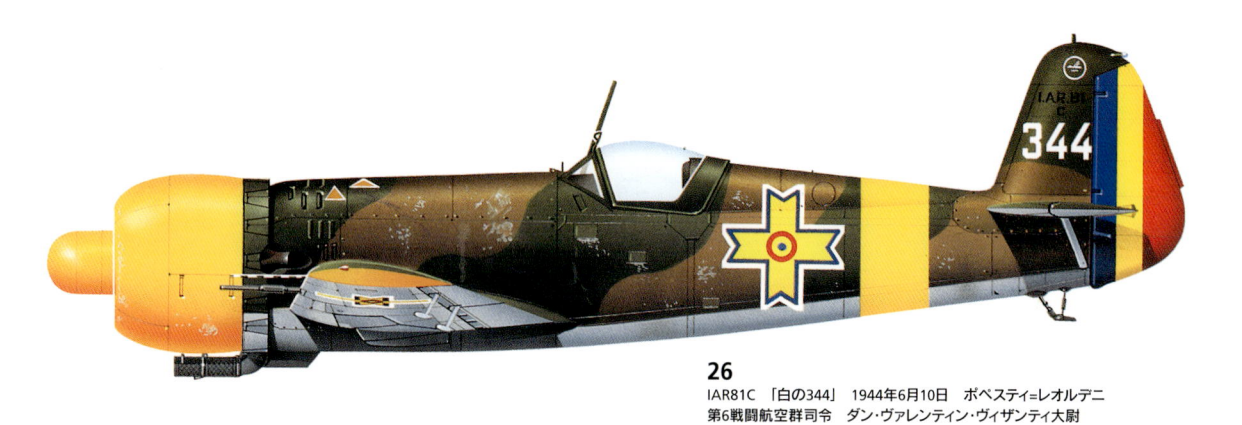

27
Bf109G-6 「白の2」(たぶん製造番号166161) 1944年7月
第9戦闘航空群第47戦闘飛行隊

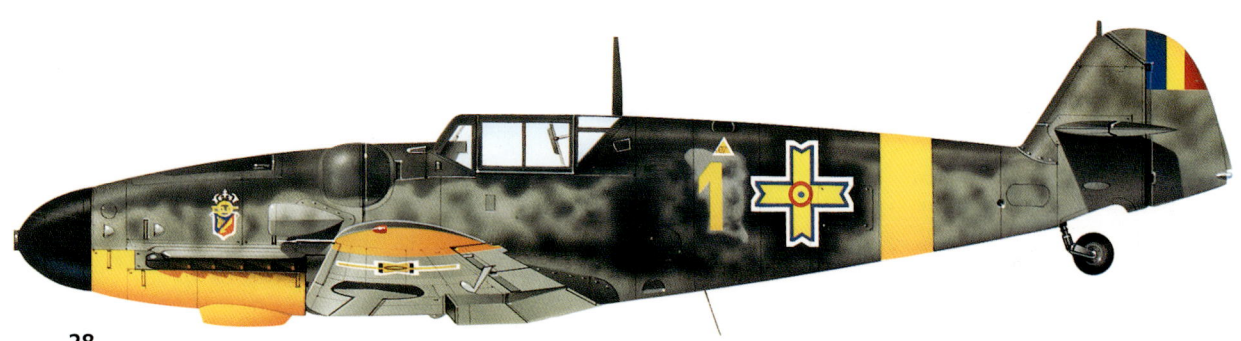

28
Bf109G-6 「黄色の1」 1944年8月 第9戦闘航空群司令 アレクサンドル・シェルバネスク大尉

29
IAR81C 「白の343」 1944年9月14日　第2戦闘航空群　ヴァシレ・ミリラ曹長

30
Bf109G-6 「黄色の3」製造番号165560　1944年遅く
第9戦闘航空群　トゥドル・グレチェアヌ中尉

31
IAR81C 「白の319」 1945年2月9日　ハンガリー　デブレツェン
第2戦闘航空群第66戦闘飛行隊　ゲオルゲ・グレク伍長

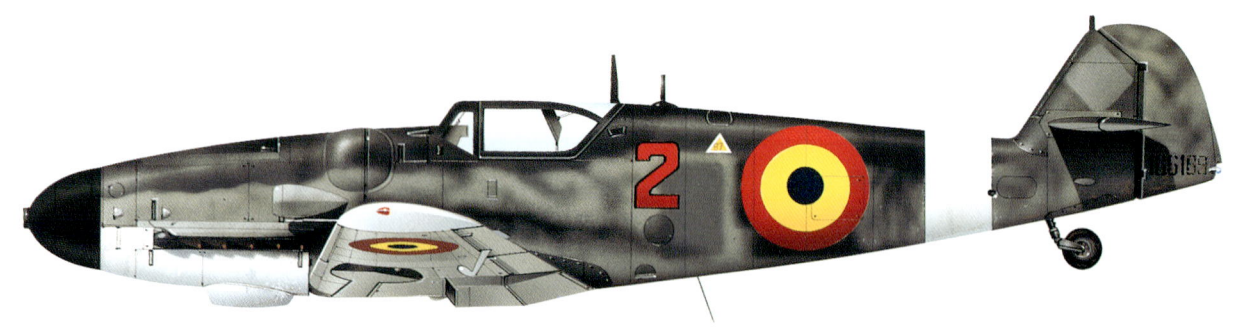

32
Bf109G-6 「赤の2」製造番号166169　1945年2月　ルチェネツ　第9戦闘航空群

でも、枢軸側の実際の損失の4倍の戦果を報告し、一方、枢軸側は戦果を3倍にふくらませたと見積もっている。非公式ながら注目すべき見解である。

　本国に戻ったルーマニア戦闘機パイロットたちは、"ボリシェヴィキの脅威"に対してばかりでなく、"アメリカの空のテロリスト"から国境を守ることに、いっそう決意を固めていた。"空のテロリスト"とはアメリカ軍飛行士たちが1944年、最初の大規模な攻撃をしたあと、彼らに押された烙印だった。4月4日、ブカレスト北駅と操車場を爆撃にやってきたアメリカ第15航空軍のB-24Hの大編隊は目標を見つけられず、かわりに近くの住宅地域を爆撃して、民間人2673人を殺し、2341人に傷を負わせたのである。

　ARRとドイツ空軍は護衛機を帯同して来なかった爆撃機隊をブカレスト上空で襲い、11機を撃墜した――第15航空軍はルーマニア上空ではB-24Hを8機失っただけだったが、地中海上で1機を、イタリア上空でもう1機を失った。IAR80/81で装備した三つの航空群（第1、2、6）は、はじめ公認撃墜28機、不確実撃墜12機を認められ、損失は発進した57機のうち3機だけで、パイロット3名が戦死し、3名が負傷した。さらに第5、第7戦闘航空群はそれぞれ爆撃機を4機と1機撃ち落し、不確実撃墜も4機あった。

　翌日、「ヴナトリ」は敵機15機撃墜を公認された――実際にルーマニアの空で失われたのはB-24Hが9機、B-17F/Gが2機で、ほかにP-38Fが1機、ユーゴスラビアで行方不明になったと報告された。第6戦闘航空群のIAR80/81のパイロットたちは当初、撃墜14機、不確実撃墜2機を認められ、損失はなかった。一方、同じ装備機の第1戦闘航空群は撃墜3機、撃破2機を報告し、味方は2機を失った。第5、第7戦闘航空群もこの日、アメリカ陸軍航空隊と戦い、それぞれ「リベレーター」4機と3機の撃墜を報告した。

　4月21日、IAR80/81のパイロットたちはアメリカ第31戦闘航空群の長距離戦闘機、P-51B/Cに初めて遭遇した。このアメリカ戦闘機は、これがルーマニアでの初登場だった。防御側は完全な奇襲を受け、手ひどい損害をこうむった。第1航空群は6機が撃墜され、パイロット5名が戦死、2名が負傷した。第2航空群は4機を失い、2名が戦死、4名が負傷した。最後に、第6航空群は

1944年1月14日、ポペスティ=レオルデニ飛行場に、公式部隊写真撮影のため革の飛行帽をかぶって並んだ第6戦闘航空群第59戦闘飛行隊のIAR80パイロット10名。左から、ドゥミトル・"タケ"・バチウ中尉（公認10、非公認3勝利）、アウレリアン・バルビチ伍長（3）、コンスタンティン・トゥリカ少尉（0）、エウジェン・イアンクレスク中尉（4）、氏名不詳2名、アレクサンドル・"ブツィフェル"・イオネスク少尉（0）、氏名不詳、イオアン・ディマケ伍長（10）、ペトレ・コンスタンティネスク大尉（5）。

1944年3月、自軍基地上空を飛ぶBf109G-2の「パトルラ」(ドイツ空軍の「シュヴァルム」に相当)。第7戦闘航空群第53戦闘飛行隊の所属機で、「白の1」「13」「10」「3」が典型的なドイツ戦闘機隊型の編隊形を組んでいる。方向舵を白く塗った先導機「白の1」(右端)は通常、航空群司令で13勝利のエース、ルチアン・トマ大尉の乗機だった。こうした強力な編隊の姿には、どんな敵パイロットも重大な関心を持たずにいられなかったろう。スピナに白い渦巻き模様(「白の10」を除く)があることと、方向舵にARRの青・黄・赤の縦縞がないことに注意。

4機を撃墜され、4名のパイロットが死んだ。だがARRもアメリカ軍機に若干の損失を与え、「リベレーター」6機の撃墜を認められた。

いまやARR司令部の目にも、アメリカ軍が爆撃と機銃掃射作戦を定着させたことは明らかだった。この新たな脅威に対処するため、最高司令部は以下の戦力を対爆撃機任務に振り向けることで、それまで控え目だった本土防衛力を強化した——第5戦闘航空群(第51、52飛行隊)のBf109E、経験豊かな第7戦闘航空群(第53、57、58飛行隊)のBf109G、第6戦闘航空群(第59、61、62飛行隊)のIAR80/81、それに第1戦闘航空群(Bf109G装備の第43飛行隊と、IAR81装備の第63飛行隊)。のちには第2戦闘航空群(第65、66、67飛行隊)も本土防衛任務を課され、ブラショフの第3戦闘航空群(第44、50飛行隊)も、ときどきその支援を提供した。

これらの部隊を合わせた戦力は通常、30機のBf109E/Gと70機のIAR80/81に過ぎなかった。ドイツ空軍の60ないし80機のBf109Gと、わずかな機数のFw190、Bf110も勘定に入れることができた。例によって、稼働率がこの戦力を半減した。こうした結果、連合軍の戦爆連合の大編隊がルーマニアの目標に襲来したとき、立ち向かう枢軸軍戦闘機はせいぜい100ない

1944年2月、ミジルのコンクリート製滑走路の上に翼を休める第7戦闘航空群第53戦闘飛行隊のBf109G-2「白の1」の前で、ポーズを決める7名のパイロットと2匹の犬。立ち姿の人物は左からカシアン・テオドレスク予備伍長(3勝利)、プレゼアヌ予備少尉(0)、フラヴィウ・ザムフィレスク中尉(4勝利。1944年5月22日、アメリカ戦闘機と戦って落下傘降下中に戦死)、ドゥミトル・エンチオユ兵長(5)、イオアン・マガ3等准尉(29)、ティベリウ・ヴィンカ予備兵長(17勝利以上。1944年3月12日、誤認されて死亡)。しゃがんで小犬と戯れているのはアレクサンドル・エコノム兵長(5勝利。1944年7月26日戦死)。ヴィンカが身につけているのはドイツの操縦徽章、3列の略章、ドイツ出撃記念略章、1級鉄十字章、2級鉄十字章略綬。左肩の2本の色付き紐は、ミハイ勇敢公勲章と航空有功章が部隊に贈られたことを示す。左袖の白い2つの三角は戦傷記念章。左襟の黒いリボンは喪章。奇妙なことに、ルーマニアの操縦徽章は見当たらない。

第四章●1944年——試練の年

46

し120機で、これよりずっと少ないことも度々だった。

　4月半ばには、ルーマニア北東国境へのソ連の脅威が著しく増大し、苦闘を続ける第9戦闘航空群を補強するため、4月20日にはブカレスト＝ピペラの第7戦闘航空群が南部モルダビアに移動した。同じ日、第9航空群はソ連軍に対して朝と午後のパトロールを実施した。この任務の合間には、アメリカ軍爆撃機が現れるかも知れぬ1000時から1400時にかけ、予備の警戒態勢にもついた。

　第7戦闘航空群の去ったブカレスト＝ピペラには、わずか3カ月前にIAR80/81で再編成されたばかりの、総じて経験者の乏しい第2戦闘航空群が入った。したがって、4月下旬から5月初めにかけ、ルーマニアの首都を守るARR部隊はIAR80/81で装備した2個航空群に過ぎなかった。だが、時代遅れの戦闘機を持たされながらも、これらの部隊は性能的にも数量的にも優勢な敵を相手に善戦した。

　例えば、ルーマニアの公式統計によると、1944年4月4日から6月6日までに、第6戦闘航空群はアメリカ陸軍航空隊と12回対戦した。そのあいだにIAR80/81は延べ363機が出撃し、パイロットたちは60勝利を確実に、10勝利を不確実にあげたと報告した——ARR独特のスコア算定システムによる数字だから、実際にはほぼ30ないし40機の飛行機が撃墜された可能性がある。かわりに戦死したパイロットはわずか7名だった。

　そのひとりは5月18日に戦死した第2戦闘航空群第66戦闘飛行隊長ゲオルゲ・スタニカ大尉で、戦死までに15の空中勝利を認められていた。同じ日、同じ飛行隊の隊員でエースだったゲオルゲ・クリステア少尉も12勝利目の敵を落とした直後に戦死した。その他、5月に死んだ著名なパイロットには第1戦闘航空群のフロリアン・ブドゥ伍長がおり、5月31日に撃墜された時点では撃墜7機（9勝利に相当）のスコアをもつ、IAR80/81乗りではトップ・エースのひとりだった。この日はほかにIARによる2人の多数撃墜者、イオアン・ブルラデアヌ中尉（12勝利）とペトレ・スクルトゥ少尉（6勝利）も戦死した。

　アメリカ陸軍航空隊とARRとの最も激しい戦闘のひとつは1944年6月10日、土曜日に起こった。プロイエシュティ油田に決定的な損害を与えるべく、爆弾を装備した第82戦闘航空群の46機のP-38Jは、第1戦闘航空群の同数

戦友たち。戦後ルーマニアの共産主義者が行った宣伝とは裏腹に、ルーマニアが1944年8月23日に所属陣営を鞍替えするまでは、東部戦線で共通の敵と戦うドイツ空軍とARRの飛行士たちのあいだには緊密で友好的な関係が保たれ続けた。これは連合軍との戦いにおけるARRのトップ・エース、アレクサンドル・シェルバネスク大尉がドイツ空軍の戦闘機パイロット、ルートヴィヒ・ノイベック少尉（第52戦闘航空団）と腕を組む光景。ノイベックとエルンスト・シュテングル軍曹は1944年2月以来、第9戦闘航空群に連絡用パイロットとして派遣されていた。ルーマニア人たちと肩を並べて戦っていたあいだに、ノイベックはその最終スコア32機のうち2機のソ連機を撃墜し、一方シュテングルは11機を仕留めた。その他、写真に見えるARRパイロットは左からテオドル・グレチェアヌ中尉、イオアン・シミオネスク予備中尉、ハリトン・ドゥセスク中尉、ミルチェア・センケア中尉。

ヴァシレ・クルチウヴォイアヌ少尉（3勝利。1944年5月31日空中事故死）が自分の航空群司令、ルチアン・トマ大尉のBf109G-2「白の1」（製造番号14680と思われる）の白い方向舵に描き込まれたスコアを指差す。上に赤星の付いた7本の棒は、当時のトマのスコアを示し、すべてARRの最初の戦いで得たもの。その後トマは本土防衛のため呼び戻されて、さまざまの事務職を務め、アメリカ軍機がルーマニアの軍事および民間目標への攻撃を始めた1944年4月まで、スコアを伸ばすことはなかった。ほかの人物は左から、コンスタンティン・"ティティ"・ポペスク伍長（6勝利）、アレクサンドル・エコノム伍長（5勝利。1944年7月26日戦死）、カシアン・テオドレスク兵長（3）。すべて第7戦闘航空群第53戦闘飛行隊員である。

のライトニング長距離戦闘機に護衛されて、夜明け前にイタリアのフォッジアを飛び立った——いつもより約2時間早く。だが、ルーマニアの空に気づかれずに侵入しようという彼らの試みは、低空を飛ぶ編隊がルーマニアに入る前から、その微弱な反応を探知していた「フライア」と「ヴュルツブルク」レーダー網に打ち砕かれた。早々と警報を得て、「ティグルル」戦闘機管制センターはルーマニア・ドイツ両軍部隊に、攻撃が切迫していることを警告した。戦闘可能なIAR80/81はすべて、大急ぎで発進した。

アメリカのパイロットたちが何の疑いももたず、第6戦闘航空群が基地とするポペスティ＝レオルデニ飛行場に低空で接近したとき、上からIAR戦闘機が飛びかかった。この最初の突進でライトニング数機がルーマニア隊の銃火の犠牲となり、他の機は低空で退避行動をとろうとして大地に激突するか、となりのP-38と衝突した。実際にルーマニア戦闘機に立ち向かえたのは少数機だけだった。飛行場の対空砲火もまた、この修羅場に向けてやみくもに撃ちまくった。

防御側も損害を出した。2機のIAR81Cが空中衝突し、3機目は味方の対空砲火に撃たれたのだ。だが乱戦の勝者は明らかに第6戦闘航空群で、その23名のパイロットは同数のP-38の撃墜を報告した。同部隊の指揮官で34歳になるダン・ヴィザンティ大尉（勝利点が43を上回るといわれた、IAR80/81のトップ・パイロット）はライトニング2機をスコアに加え、ほかに6名のパイロットも2機撃墜を報告した。ルーマニアのパイロットは3名が戦死、ひとりが重傷を負った。

1944年5月18日、第6戦闘航空群イオアン・ヤタン少尉のIAR81C「白の336」がP-38「ライトニング」と戦ってエンジンに受けた損傷を示す地上勤務員。コクピット前の大きな機関砲弾の破孔に注意。主燃料タンクを貫通しているが、幸いにも燃料が残り少なかったらしく、発火しなかった。さもなければ多くのIAR80/81パイロット同様、炎が気流でコクピットに吹き込み、生きながら焼かれる運命に遭ったかも知れない。ヤタン少尉は1944年6月10日、P-38Jの1機撃墜を報告したが、彼自身も戦傷を負った。

第82戦闘航空群のP-38Jの状況も、第1戦闘航空群の戦友たちより少しもよくはなかった。彼らもその目標——巨大な「ロムノ＝アメリカナ（ルーマニア＝アメリカ）精油所」——から少し離れたところで、ルーマニア軍とドイツ軍のBf109Gの奇襲を受けた。第7戦闘航空群はライトニング5機撃墜を報告、ドイツ空軍（とくに第53戦闘航空団

乗機IAR81Cの尾部のかたわらに立つコンスタンティン・バルタ少尉。方向舵に記入されたばかりの白い2本の勝利マークは1944年5月6日、バルタが落としたB-24のペアを示す。彼は2機目の「リベレーター」に撃たれて負傷し、損傷した「白の372」で辛うじて基地に戻った。バルタはブラショフでドイツが運営している戦闘機パイロット学校で教官として勤務中に、この戦果をあげたもので、彼とその同僚たちはブラショフをアメリカ機が襲うたび、緊急出撃を行っていた。彼はB-24撃墜確実2機、不確実1機で戦争を終え、ARRシステムでは9勝利を得ている。

第I飛行隊と第77戦闘航空団第III飛行隊）は64機のBf109Gと2機のFw190を緊急発進させ、1機の損失で15機撃墜を報告した。さらに対空砲火はプロイエシュティ周辺と他の少なくとも3箇所の陣地で、5機のP-38を撃墜したと伝えられた。

あとになってARR司令部は、6月10日に撃墜を確認した敵機の総数を、戦闘機によるもの18機、対空砲によるもの7機にまで減らし、さらに3機は対空砲と戦闘機の協同戦果とした。

ルーマニアとドイツの戦闘機と対空砲は当初、この悲運の作戦で失われたP-38の実数の2倍（51機）もの戦果を報告したものの、2ダースにのぼるアメリカ機の損失（攻撃に参加した機数の4分の1）は、防御側の快心の勝利を示していた。事実、これは第二次大戦を通じて、まとまった数のP-38が参加した作戦のうち、最も損失率の高いものとなった。一方、「ライトニング」隊は撃墜確実33機、不確実6機、撃破8機、機関車破壊8両を申告したが、実際のルーマニア側の損失は14機で、その大部分は分散飛行場へ移動中にアメリカ戦闘機の襲撃を受けた非戦闘用機か、もしくは地上にあって襲われたものだった。

しかし、「ウナトリ」の成功は長くは続かなかった。性能的に、また数で勝る敵を相手の戦いで、撃墜できたアメリカ機は日ごとに減り、逆に味方の損失は増えていった。例えば6月23日、精鋭第7戦闘航空群の36歳の指揮官、ヴィルジル・トランダフィレスク大尉はP-51隊との格闘戦で戦死した。同じ空戦で、ともに航空群の僚友で高位エースだったテオドル・グレチェアヌ中尉とダン・スクルトゥ大尉も撃墜され、病院に運ばれた。ほかに多数のIAR80/81パイロットがこの日に戦死し、その中には第1戦闘航空群司令イオアン・V・サンドゥ中佐の名もあった。サンドゥは戦死したARR戦闘機パイロットのうち最も階級上位者で、パラシュートで降下中にアメリカ戦闘機に銃撃されて死んだと伝えられている。

この6月23日、2人の航空群指揮官（この日、戦った4人のうち）が死亡し、加えてメッサーシュミットに乗る経験豊かなパイロット2人が負傷したことは、ささやかなルーマニア戦闘機部隊にとって大打撃となった。

24時間前、ARRは東部戦線への参戦3周年を祝っていた。1944年6月22日までに、ルーマニア戦闘機パイロット、爆撃機射手、対空砲射手は総計834機のソ連機を公認撃墜、さらに143機を不確実撃墜した。その代償にARRはソ連空軍との戦いで186機を失い、飛行士402名が戦死、戦傷、もしくは未帰還となっていた。

IAR81C「白の369」でポペスティ＝レオルデニ飛行場から離陸準備をする第6戦闘航空群のパイロット。この機体は1944年6月10日、アメリカ第71戦闘飛行隊のP-38と飛行場上空で低空格闘戦のすえ撃墜され、操縦していた第62戦闘飛行隊の"大将"のあだ名のあったアレクサンドル・ニコラエ・D・リムブルグ中尉は死亡した。彼はこの日、戦死するか行方不明となった3名のルーマニア人パイロットのひとりだった。胴体前部、機関砲の上に見える三つの三角形（黄色？）は空中もしくは地上の勝利を示すが、リムブルグはひとつも勝利をあげぬまま戦死したから、彼によるものではない。

7月3日、Subsecretariatul de Stat al Aerului（SSA―国家航空事情副事務局）はアメリカ陸軍航空隊との過去10週間の戦いの結果を総括した。1944年に入ってアメリカ機がルーマニアに初めて来襲した4月4日、攻撃に対抗する戦闘機は115機あった。6月24日には、その数はわずか50機に減っていた。機材の甚大な損耗もさることながら、33名ものパイロットが戦死していた。

6月28日も修羅場は続き、第1航空群の勝利7機のIAR80/81エース、パルシファル・ステファネスク大尉がマスタングに撃墜されて戦死した。彼は結局、IAR80/81部隊とアメリカ機との不公平な戦いにおける最後の死者となった。7月5日、ARR司令部はこの旧式化した国産戦闘機を本土防衛部隊から事実上、引き揚げることを決めたからである。この結果、Bf109Gを装備した第7および第9戦闘航空群だけが、ドイツ空軍とともにルーマニアを防衛することになり、第9航空群は急きょ、ソ連戦線から呼び戻された。その後釜にはIAR80/81部隊が入れ替わりに入ったが、対戦してみると、アメリカのP-38とP-51よりはソ連戦闘機のほうが扱いやすかった。

7月22日は、第9戦闘航空群がアメリカ軍との戦いで最も成功を収めた日のひとつとなった。メッサーシュミットのパイロットたちは誰もが尊敬する指揮官である、アレクサンドル・シェルバネスク大尉に率いられ、1100時にテクチを離陸した。相手は、ブカレストへと飛んだあと"シャトル攻撃"に備えてソ連に向かうことになっていたP-38とP-51の混成部隊だった。Bf109Gのパイロットたちはアメリカ機への奇襲に成功し、6機のP-38を撃墜して、こちらに損失はなかった。第1航空群のIAR81Cのパイロットが、もう1機の「ライトニング」の撃墜を報告した。アメリカ第15航空軍の記録では、この日ルーマニアで失ったP-38Jは5機だけとなっている。

だが、アメリカ戦闘機が"シャトル攻撃"の帰りにソ連からルーマニアに戻ってきた際に、空戦を制したのはマスタングのパイロットたちだった。第9戦闘航空群は緊急発進した17機のうち、7機のBf109Gを失ったが、彼らは「ティグルル」戦闘機管制室から、相手は「少数の護衛戦闘機を伴った、わずか20

1944年6月10日、ブカレストに近いポペスティ＝レオルデニ飛行場に警報が鳴り、IAR81Cに駆けつける第6戦闘航空群のパイロットたち。1時間もしないうちに、彼らは低空で疑いももたずにプロイエシュティ油田に向かうアメリカ第1戦闘航空群第71戦闘飛行隊のP-38に飛びかかった。「白の343」に白く描かれた逆向きのシェヴロンは、航空群の3名の飛行隊長の誰かの乗機を示す。

1944年4月4日以降、アメリカ陸軍機が多数ルーマニア上空に出現を始め、「ヴナトリ」の死傷者は急増した。IAR80/81装備の3個航空群（第1、2、6）はその損失の矢面に立ち、ルーマニア飛行士たちが「アメリカの戦い」と呼んだ20週間足らずのあいだに、エース11名を含む、少なくとも32名のIARパイロットが戦死した。これはソ連と戦った、それまで2年半の死傷者合計を上回る損失だった。この写真と同じ光景──出撃から帰還後、往々にして後方スライド式のキャノピーが故障で開かなくなり、パイロットを中に閉じ込めたまま燃え上がるIAR80──は、めずらしくないものとなった。

シェルバネスク大尉乗機、Bf109G-6「黄色の1」の前に集まった第9戦闘航空群の「ヴナトリ」。1944年5月遅く、モルダビアのテクチ飛行場で。左から、エミル・バラン伍長（10勝利）、ハリトン・ドゥセスク中尉（12）、シェルバネスク（55）、イオアン・ミル3等准尉（52）、ゲオルゲ・スコルディラ伍長（協同2）、テオドル・グレチェアヌ中尉（24以上）。彼らのうち4名が「アメリカの戦い」で撃墜され、シェルバネスクとバランが戦死、グレチェアヌとミルが負傷した。

機の爆撃機」だという、間違った情報を与えられていた。実際には、爆撃機の機数はずっと多く、また「少数の護衛戦闘機」は100機を超えるP-38とP-51だった！

　格闘戦に入ってすぐ、ARRパイロット3名が戦死し、3名が負傷した。彼らはすべてあまたの空戦を経験してきたベテランで、多くの勝利を得ていたエースたちだった。撃墜されたなかには第9戦闘航空群司令代理で、19勝利のゲオルゲ・ポペスク＝チオカネル大尉もいた。彼は燃える戦闘機からパラシュート降下したものの、重傷を負っていて、10日後に病院で死亡した。

　第9戦闘航空群のパイロットはアメリカ機11機の撃墜を報告したが、第15航空軍の損失リストには、わずか2機のP-38しか記載されていない。別の非公式資料では、この日ルーマニア、ウクライナ、それにポーランド上空で20機のP-38と10機のP-51が失われたとあり、こちらのデータのほうがもう少し正確なように思われる。実際の数字はどうあれ、この結果は精鋭第9航空群が被った恐ろしい損失を覆い隠せるものではなかった。この部隊の損耗は7月最後の日まで続き、第48戦闘飛行隊長ディヌ・フロレア・ピストル中尉がB-17とB-24を攻撃した際に死亡した。

　戦死前に3機撃墜を報告していたピストルの死は、戦場で鍛えられた航空群司令アレクサンドル・シェルバネスク大尉をもひどく悲しませた。数年前、2人はともに山岳部隊から「ヴナトリ」に転科し、ついでスターリングラード戦線の第7戦闘航空群に一緒に配属された仲だった。そしてシェルバネスク大尉には知る由もないことながら、彼の生涯もまた終わろうとしていた。

　18日後の1944年8月18日、ルーマニアのパイロットたちはアメリカ人との最後の空戦を戦った。第9戦闘航空群の13機のBf109G-6は、ブザウ上空で第7戦闘航空群の12機の「グスタフ」と落ち合った。数分後、

ゲオルゲ・ポペスク＝チオカネル中尉は開戦時、時代遅れのIAR 39複葉機で装備した短距離偵察飛行隊、第19観測飛行隊のパイロットだった。1941年6月19日、ソ連占領下のベッサラビア上空を低空で偵察中、彼は危うく死にかけた。I-16が数機、単機の偵察機に飛びかかり、弾丸の孔だらけにして、観測手兼後方射手を殺したのだ。ポペスク＝チオカネルも負傷したが攻撃者を振り切り、友軍陣内に不時着した。ARRの最初の戦いが終わると、彼は戦闘機に転科し、1943年に東部戦線に戻った。大尉に進級したポペスク＝チオカネルは部隊最良のパイロットのひとりとなり、7月までに17勝利を得たが、同月26日、アメリカ戦闘機の編隊と戦って他の6名とともに撃墜された。彼のこの写真は戦前の撮影で、左胸の観測士バッジ、右の操縦徽章は、いずれもカロル2世国王時代の古いスタイルのもの。

ドイツ空軍の21機の戦闘機が加わり、Bf109Gの総機数は46機となった。これがルーマニアを守るために得られる枢軸軍戦闘機の総勢だった。

　ARRの2つの航空群が離陸して間もなく、Sectorul 2 vânătoare（第2戦闘機管区）はルーマニアのパイロットたちに、カルパティア山脈の中、ブラショフの近くにいるアメリカ戦闘機の大部隊を迎撃するよう無線で指示した。Bf109G隊はP-51群と高度7500mで衝突したが、これは事実上Bf109G-6の限界戦闘高度だった。例によってマスタングの機数はルーマニア・ドイツ連合編隊を少なくとも2対1で圧倒し、さらに悪いことに、アメリカ機はメッサーシュミットを上から襲ってきた。数分で勝負は決まった。32歳のアレクサンドル・シェルバネスク大尉——実戦出撃590回で55勝利をあげた、当時ARR第一のエース——は、最初の死者のなかにいた。

　シェルバネスク機は無線が故障していたため、マスタングが1機、彼の背後に回りこみつつあることを知らせる戦友の叫び声を聞けなかった。シェルバネスクの右側100mほどのところを飛んでいた僚機、トライアン・ドゥルジャン兵長は、機首を赤く塗った1機のP-51（ほぼ間違いなく第31戦闘航空群所属機）がシェルバネスク大尉のBf109G-6「黄色の1」の後ろにつき、射撃するのを、なすところなく見守った。恐らくすでに死亡したシェルバネスクを乗せたメッサーシュミットは垂直に落ちてゆき、ブラショフ近郊の大地に激突して砕け散った。

　もうひとりの優秀な士官で撃墜14機のエース、ヴァシレ・ガヴリリウ中尉はもっと運がよく、損傷をうけた戦闘機で数分後に不時着した。胴体と翼に少なくとも50カ所の破孔があった。ドイツ軍も手ひどくやられ、少なくとも3機のBf109Gが撃墜されて、パイロット1名が戦死した。お返しに、第53戦闘航空団第I飛行隊のユルゲン・ハルダー少佐がP-51を1機撃墜し、終わってみれば、これがこの日、枢軸側パイロットのあげた唯一の勝利となった。

　シェルバネスク大尉の死は事実上、ARRによるルーマニア防衛の終わりを告げる合図だった。翌日ブカレストから、これ以上アメリカ機編隊と戦わぬよう、パイロットたちに指示する命令が届いたのである。そのかわりに戦闘機部隊の生き残りは、ブザウから黒海沿岸の静かなママイアに移動するということだった。いまやドイツ戦闘機だけがルーマニア上空でアメリカ機に対抗し、戦争が終わるまで連合軍と戦う運命となった。

アレクサンドル・モルドヴェアヌ伍長は戦争全期にわたり、Bf109装備の第7戦闘航空群で戦闘機パイロットとして勤務した。1943年6月29日、チャルトイェ付近でヤクと低空での格闘戦中、彼は相手の1機と衝突し、墜落させた。彼のBf109Gは幸い左翼が損傷を負っただけで、ウクライナのマリウポリ飛行場に戻ることができた。モルドヴェアヌの最後の空戦は1944年8月10日で、ブカレストの近くで第15航空軍のマスタングと戦い、損傷を受けた「グスタフ」で胴体着陸したが、けがはなかった。9勝利で終戦を迎えた。

念入りに偽装されたBf109G-6。1944年8月初め、モルダビアの一飛行場の"砂場"で。この程度の防壁では、アメリカ機やソ連機の機銃掃射に対してそれほど役立たなかった。白いスピナに描かれた黒い渦巻きに注目。

1942年4月、卒業したばかりのヴァシレ・ガヴリリウ少尉が新しい制服に身を包んで、第7戦闘航空群のBf109Eの前を歩く。背景の「エーミール」が、1941年の戦いでの斜めの勝利マークを空気取り入れ口後方に描いたままなことに注意。"キッツ"・ガヴリリウはルーマニアで最も有能なメッサーシュミット乗りのひとりに成長し、27勝利をあげて、ARRの非公式エース・ランキングの第9位となった。彼の戦果にはドイツとハンガリー機相手の12勝利(大部分が輸送機の地上破壊)が含まれ、"西部戦線"における対枢軸軍機のトップ・スコアラーである。

　第9戦闘航空群への退避命令に、生き残ったパイロットたちは憤慨した。敵を前にしての臆病な譲歩と見たのである。ドブラン中尉はその戦中日記に「航空群は逃げた」と苦々しく記している。

　著者の調査によれば、ルーマニアは1944年、アメリカ陸軍航空隊による白昼攻撃を42回、イギリス空軍による夜間攻撃を少なくとも23回浴びた。ルーマニアの記録は、アメリカ陸軍航空隊はこれらの作戦を通じて総計223機の爆撃機と36機の戦闘機を失い、そのうち爆撃機は56機が戦闘機により、131機が対空砲火により、36機が別の原因により失われたと述べている。戦闘機は15機が空戦で、1機が対空砲火で、20機が別の原因で失われたとする。連合軍の人員の公式な損失は飛行士ほぼ2200名にのぼった。連合軍飛行機の損失率総計は、西ヨーロッパ上空で平均3.5パーセントなのに対し、ルーマニア上空ではほぼ7パーセントだった。ARRの損失も大きく、80機以上の戦闘機が戦闘で撃墜された。ドイツ戦闘機隊の損失は、これよりやや少なかった。

chapter 5
陣営を変えて
changing sides

　1944年8月20日の朝、東部戦線のヤーシーキシナウ（キシニョフ）戦区で、ソ連軍の強力な攻勢が開始された。多数のソ連軍攻撃機と戦闘機に支援された攻撃を受けて、装備貧弱で数でも劣勢のルーマニア・ドイツ地上部隊は、昼までに事実上壊滅してしまった。赤軍のルーマニア進撃を何としても阻止しようと、ARRとドイツ空軍は得られるかぎりの飛行機を投入した。それでもなお、ソ連空軍は相手の2倍半も多くの機体を集めることができた——南部戦区に基地をおいていたソ連機1952機のうち、戦闘機は802機で、この合計は黒海艦隊を含んでいなかった。これに対抗する枢軸軍戦闘機は300機しかなく、そのうち戦闘可能なのは250機に過ぎなかった。

　第9戦闘航空群のBf109Gと翼を並べていたのはIAR80/81装備部隊で、高性能のアメリカ戦闘機と戦うには脆弱すぎるからと、本土防衛任務から引っ込められてきたものだった。だがソ連機相手でも大してうまくは行かず、8月20日から21日にかけ、第2戦闘航空群は5機のIAR81Cを失った。この部隊はどうにかLa-5FNを1機、La-7を2機公認撃墜、それにエアラコブラ1機を撃墜不確実にすることができた。しかし第9戦闘航空群はかなりよく働き、2日間で10機撃墜を報告した。

　メッサーシュミットのパイロットたちも被害を受け、22日にはモルダビア上空で2機のBf109G-6がLa-5FNに撃墜された。落とされたパイロットのひとりは撃墜17機のエース、トライアン・ドゥルジャン兵長で、短期間ながらソ連地上部隊の捕虜になった。もうひとり撃墜された「グスタフ」パイロットは5勝利のエース、コスティン・ミロン兵長で、ルーマニア軍占領地域に無事降下した。IAR81も第4戦闘航空群の2機と第2戦闘航空群の1機が失われた。勝利の報告は1機だけだった。これら戦闘での損失のほかに、使用不能のIAR80/81が2機、ライプツィヒ飛行場で撤退中のドイツ軍部隊に破壊された。

　1944年8月23日には、「戦争は負けだ」と明らかになっていた。その日の夕方、ミハイ国王はラジオで放送し、連合国と休戦を協議中であると

1944年8月10日、モルダビアのゲラエスティ＝バカウ飛行場で、ソ連機に備えて出撃準備をする第2戦闘航空群のヴァシレ・イオニタ兵長（左）とステファン・ニカ伍長。性能が劣るIAR80/81装備部隊はこのころ、アメリカ機との戦闘を禁じられていた。事実、IAR80/81はP-51をただの1機も撃墜していない。かわってIARはソ連戦線用に回され、より危険度が少ないと思われる敵と対戦した。イオニタはB-24を確実・不確実それぞれ1機ずつ仕留め、6勝利をあげた。ニカは1941年にI-16を2機落としている。

トライアン・ドゥルジャン予備兵長と乗機Bf109G。この若い下士官は多くの優れた士官パイロットに気に入られて僚機を勤め、とくに第9戦闘航空群のゲオルゲ・ポペスク=チオカネル大尉に好まれた。彼はソ連相手の最後から2番目の空戦で乗機Bf109G「黄色の6」（製造番号163580）をLa-5に撃墜されたが、囚われの身から脱走して、1944年9月30日に部隊に戻った。

告げた。ソ連との戦闘は翌朝0400時を期して停止されるとのことだった。国王の声明はルーマニアのドイツ軍にとって、まったく寝耳に水で、彼らは戦いを続けた。実際には、それまでの同盟国関係は急速に崩壊し、翌日午後にはドイツ軍に補給を送る輸送機をARRの戦闘機が迎撃した。ルーマニアの対空砲もドイツ機に射撃を加えた。そして休戦の翌日、第7戦闘航空群司令ルチアン=エドゥアルド・トマ大尉はボテニ飛行場上空で兵士を乗せたJu52/3mを1機撃墜し、ドイツ空軍相手のルーマニア最初の戦果をあげた。

この日早く、第53戦闘飛行隊のステファン・フロレスク中尉はママイア地区でPe-2を1機撃ち落し、ソ連機を撃墜した最後のルーマニア戦闘機パイロットとなった。ソ連がルーマニアを支配してのち、フロレスクは赤軍当局のお尋ね者となったが、見つからなかった。フロレスクはBf109Eで撃墜を達成していて、これがこの型のメッサーシュミットによる最後の勝利であったことは、ほぼ間違いない。

1944年8月25日、ルーマニアはかつての同盟国、ドイツとハンガリーに宣戦した。首都を守る戦闘機パイロットたちは、もはやこれで新しい敵についての迷いがなくなった。あたかもそのことを証明するように、第7、第9両戦闘航空群のBf109Gはドイツ爆撃機6機（第4爆撃航空団第。飛行隊のHe111Hと、第2急降下爆撃航空団第I飛行隊のJu87D）を撃ち落とし、さらに4機を撃破したと伝えられた。第4戦闘航空群のゲオルゲ・グレク伍長もIAR81C「白の394」で、増援部隊を乗せたMe323「ギガント」6発輸送機とJu52/3mを各1機撃墜した。ARRの戦果算定法のもとで、グレクは5空中勝利を与えられ、ルーマニアで最後の"即日エース"の座についた！

ブカレスト付近では以前の同盟軍同士の衝突が続き、ルーマニア戦闘機はドイツ空軍機9機を撃ち落した。うち8機は第9戦闘航空群によるもので、Me323「ギガント」、Ju52/3m、Bf109G、Bf110がそれぞれ2機ずつ、加えて不確実が4機あった。さらに多数機を地上で破壊した。この日、ヴァシレ・ガヴリリウ中尉もブカレスト上空でHe111HとJu52/3mを1機ずつスコアに加え、ほかにユンカース輸送機2機とユンカースW34を地上で炎上させた。彼は記録的に高い勝利点9を与えられたが、最後は乗機Bf109G-6を地上砲火に撃たれて不時着した。これら空中および地上の勝利に、8月23日以後のその他の勝利を合わせると、ガヴリリウは12勝利（大部分は地上の輸送機を破壊）を獲得し、ARRの対枢軸軍戦果第一のエースとなった。

飛行機の損失もあったが、おもに地上で破壊されたか、ドイツ軍に拿捕されたものだった。ソ連兵たちは概して同盟者らしい振る舞いをせず、何機かは彼らにまで分捕られた。ルーマニア戦闘機パイロット数名がドイツ空軍と戦って戦死し、そのひとり、第7戦闘航空群のコンスタンティン・ストリカ兵長の搭乗する黄色い十字のBf109G-6は、8月28日、カルダルサニ上空で黒い十字のBf109G-6に撃墜された。その前に、第6戦闘航空群のもう1機のBf109G-6（製造番号166167。胴体数字欠）は味方の対空砲火に撃たれ、ブカレストのフロレアスカ湖に墜落して、新米パイロットのコンスタンティン・アナスタシウ伍長が死んでいた。さらに何機か、ルーマニアの「グスタフ」が戦傷を負ったが、それ以上の人命の損失はなかった。

8月31日、赤軍がブカレストに入った。このときには最後のドイツ軍部隊がルーマニアから撤退し、ハンガリー領トランシルバニアとブルガリアに去っていた。病院のベッドにいたドイツ空軍の負傷者を含む、ルーマニアで捕らえら

れた人々は、ソ連軍に引き渡された。

　戦闘が停止するまでに、ARRは空戦でドイツ機22機の破壊を報告し、地上でさらに5機を炎上させていた。ドイツ空軍に撃墜されたと認められたルーマニア機は4機だけで、別に30機が地上で破壊され、もしくは拿捕された。だが、実際の損失はこれよりずっと多かった。

■トランシルバニアの戦い
The Transylvanian Campaign

　9月6日、新たに再編成されたCorpul 1 Aerian Român（C1AR──ルーマニア第1航空軍団）は、その配下の飛行機──連合軍支持を示すため、国籍マークを以前の3色の「蛇の目」に塗り替えたばかりだった──に、枢軸軍と対決するため、いわゆる"西部戦線"への移動を命令した。これらの飛行機はブカレスト周辺とワラキアの基地から、トランシルバニア・アルプスを越えて北西の、ルーマニアが支配する南部トランシルバニアにある新しい飛行場へと移った。彼らはそこで、北部トランシルバニアを守るハンガリー・ドイツ軍に対するソ連・ルーマニア合同の攻勢を空から支援することになっていた。

　C1ARには3個戦闘航空群が配属された。すなわち、Bf109装備の第7/9混成戦闘航空群（第47、48、56飛行隊）の27機、IAR80/81装備の第2戦闘航空群（第65、66飛行隊）と第6戦闘航空群（第59、61、62飛行隊）の計57機である。これにルーマニア戦闘機部隊として最初に9月5日に前線に到着した独立第44戦闘飛行隊の9機のIAR80と、6機のBf109Gが補強された。9個の戦闘飛行隊を合わせて戦闘機は99機となり、遠征空軍の戦力の約3分の2を占めていた。ソ連空軍の戦闘機と爆撃機の連隊も近辺の飛行場に展開した。

　ARRが新しい戦域で、初めて公式に枢軸軍相手に作戦を開始したのは9月7日。作戦可能態勢にあった唯一の戦闘機部隊である第44戦闘飛行隊が、機数は少なく経験豊かなパイロットもいなかったものの、すべての出撃を引き受けなくてはならなかった。それでも第44飛行隊は4回の出動で延べ20機を発進させた。最初に敵に向かったのはIAR80の2個小隊[8機]で、任務は新しい前線の偵察と敵軍車列に対する低空攻撃だった。敵機との接触は避けるよう指示がされていたが、それでも2回の衝突が記録にある。

　最初の接触はシビウ（ハンガリー名はナジシェベン、ドイツ名はヘルマンシュタット）の北で、6機のIAR80/81と8機のFw190F（第2地上攻撃航空団第4中隊所属）とのあいだに起こった。ニコラエ・ザハリア兵長の「白の292」はルーマニア軍支配地上空で炎となって撃墜され、パイロットは負傷したものの救助された。

　9月8日の朝、C1ARの「ヴナトリ」の大部分はシビウに近いトゥルニソル（キシュトロニ/ネッペンドルフ）の新しい前進飛行場に飛び、C1ARはここに司令部を設けた。

　作戦開始のその日、ひとりのルーマニア人メッサーシュミット・パイロット、ゲオルゲ・ブホルツェル兵長はBf109G-6「黄色の8」（まだ古いミハイ十字と黄色の枢軸機識別色を塗ったままだったといわれる）で着陸しようとした際、張り切りすぎたソ連軍の女対空砲射手に撃ち落とされて死んだ。これはソ連軍の対空砲射手が間違って（あるいは故意に）ルーマニア人パイロットの乗るドイツ製飛行機を撃ち落す、一連の致命的出来事の始まりに過ぎなかった。

ルーマニア人はわずか2、3週間前まで彼らの敵だったのだ。ソ連人とルーマニア人の関係は一般に、緊張したままだった。

9月15日、第9戦闘航空群のパイロットたちは、トランシルバニアの首都コロズヴァール（クルージュ）の北、シャモシュファルヴァ（ソメセニ）飛行場の枢軸軍機を無力化するという大胆な作戦に出撃した。この低空奇襲攻撃には最も経験豊富な飛行士6名が志願し、枢軸軍相手の戦いでのARRのトップ・エース、ヴァシレ・ガヴリリウ中尉が指揮をつとめた。Bf109G隊はトゥルニソルを離陸すると北に向かい、180度変針して、対空砲のうらをかくため北側から目標に近づいた。6名のパイロットは低空で飛行場を銃撃しつつ一航過し、ドブラン中尉がハンガリー軍のレッジアーネRe.2000「ヘーヤ」戦闘機1機を炎上させ、ガヴリリウは双発のフォッケ・ウルフFw58「ヴァイエ」を仕留めた。ドイツ軍の輸送用グライダー3機（たぶんゴータGo242）とトラック数台も、この攻撃で破壊された。ルーマニア機は全機、無事に帰還した。

トランシルバニアをめぐる戦いが激化するにつれ、飛行任務はますます増えた。両軍とも空軍力に頼るところが大きかったが、ARRとドイツ空軍の戦闘機パイロットは対決を避けようとした。未確認ながら、ルーマニアとドイツのメッサーシュミットのパイロット同士――遠くない昔の戦友たち――が、前線上空を翼を並べて飛び、無線のスイッチを切って、伝統的な"頑張れよ！"の仕草で挨拶を交わしたという報告すらある。

あらゆる友情の表示も9月16日、コロズヴァール（クルージュ）の付近で、第2戦闘航空群の6機のIAR81Cのうち1機が、ドイツ第52戦闘航空団第6中隊に所属するBf109Gの「ロッテ」の1機に落とされたとき、終わりを告げた。勝利5機のエース、イオシフ・キウフレスク兵長の操縦するこのIAR機（「白の413」）は、老練なハインリヒ・タンメン軍曹の最初の射撃航過のあと、スピンに入って落ちていった。タンメン軍曹はその後2週間足らずのうちに、10機のARR機を撃ち落すことになる。実際、この時期のタンメンのルーマニア機に対するスコアは、ARRの全戦闘機部隊が8カ月にのぼる西部戦線の戦い全体を通じて公式に認められたスコアを上回ったのだ！

対空砲火も、機銃掃射をするルーマニア戦闘機に大きな損害を与え、9月18日には第2戦闘航空群のIAR81 2機がニアーラードフェ（ウンゲニ）の北で被弾し、ムーレシュ（マロシュ／ミーレシュ）川に墜落した。

乗機Bf109G-6のエンジンにまたがるのは第9戦闘航空群の11勝利のエース、ステファン・オクタヴィアン・チウタク少尉。彼の獲物は1944年9月15日にクルージュ＝ソメセニで地上破壊したゴータGo 242輸送グライダーを除き、すべてアメリカ機だった。写真は1944年10月27日、そのソメセニ飛行場の、ドイツ軍が退却時に破壊したハンガーの前で撮影。9月19日、"キキ"・チウタクは南トランシルバニアのアルバ・ユリア上空で、ドイツのBf109Gの「ロッテ」に奇襲され、発火したBf109G-6「青の3」（製造番号166012）から脱出をやむなくされた。当日は第52戦闘航空団第6中隊のタンメン軍曹はルーマニアの「グスタフ」2機の撃墜を報告しており、もう1機はアンドレイ・ボパ少尉のBf109G-6「赤の9」（製造番号166135）で、ラジエーターを撃たれてドムズバリ飛行場に胴体着陸した。

パイロットのニコラエ・スメイアヌ少尉と、その僚機で、かつて2勝利を認められていたドゥミトル・マリネスク兵長はどちらも死んだ。

翌日、両軍のBf109はトランシルバニアの空で初めて激突した。ドイツ空軍のBf109G 2機が、第9戦闘航空群の同型機5機と交戦し、ドイツ側が勝利を収めた。アンドレイ・ポプ少尉の「赤の9」(製造番号166135)はラジエーターを撃たれ、ドルムバリ(ドムバール)の緊急用飛行場にやむなく不時着、11勝利の老練な戦闘機乗り、ステファン・"キキ"・チウタク少尉はアルバ・ユリア(ジューラフェヘールヴァール／ヴァイスブルク)の近くで、燃える「青の3」(製造番号166012)からパラシュート降下した。どちらの「グスタフ」も、タンメン軍曹のさらなる犠牲者だった。ルーマニアのもう1機の損失は「赤の5」(製造番号166210)で、離陸時に墜落し、乗っていた公爵ゲオルゲ・ブルンコヴェアヌ予備少尉は死亡した。

消耗した第44戦闘飛行隊は9月20日に帰還を命じられたが、その時点での戦力は戦闘機15機に減っていた。第2戦闘航空群(IAR80/81が14機)、第6戦闘航空群(IAR80/81が11機)、それに第9戦闘航空群(Bf109Gが17機)は前線にとどまった。

トゥルダ上空の虐殺
Bloodbath Over Turda

9月22日、ソ連・ルーマニア合同の攻勢がARRとソ連空軍機の支援のもと、トゥルダ(トルダ／トーレンブルク)地方で開始された。ドイツ空軍は大挙して上がってきて、Bf109GとFw190はルーマニア機編隊を繰り返し攻撃した。ドイツ戦闘機は、ARRのJu88AについてはBf109Gが護衛についていたため迎撃できなかったが、IAR81に守られたHs129Bの編隊には突入でき、それぞれを1機ずつ撃墜した。

翌23日、戦いはピークに達し、トゥルダ上空で飛行機約40機を巻き込む3度の空戦が起こった。午前中、第59戦闘飛行隊の2度目の出動で、2機のIAR81Cが6機ないし8機のFw190と激突した。9勝利を認められていたペトレ・ミハイレスク少尉は乗機の燃料タンクが被弾し、爆発したため死んだ。そこに第6戦闘航空群のIARと、第52戦闘航空団第Ⅱ飛行隊のBf109Gが加わり、さらに2機のIAR80とARRのBf109G-6が1機、すぐさま撃墜された。パイロット1名が戦死、もう1名は負傷した。2機のIARは第52戦闘航空団第5、6中隊のヴィリ・マーセン曹長とマルチン・ルートヴィヒ少尉にやられ、Bf109Gは、またもやタンメン軍曹の犠牲となったものだった。

ルーマニア側も、第6航空群のドゥミトル・"タケ"・バチウ中尉と第2航空群のスタヴァル(スタヴァラケ)・アンドロネ伍長がBf109Gの1機撃墜を報告し、第6航空群のドゥミトル・"ミチカ"・ケラ伍長もFw190Fを1機落とした。ケラとバチウはそれぞれBf109Gをもう1機ずつ落としたと報告したが、これらは公式には認められなかった。

1944年夏、第6戦闘航空群のダン・ステファネスク中尉が、IAR81Cのコクピットに入ったまま、いましがたのアメリカ機との空戦の模様を説明している。その身振り手振りにもかかわらず、ステファネスクは1944年9月22日にトランシルバニアでドイツ空軍のFw190と戦って死ぬまでに、1機の勝利もあげてはいない。

1944年初め、おしゃれな黒シャツによく合ったタイをつけ、白い制帽をかぶり、胸に航空有功章を飾って、戦友のカメラに微笑むドゥミトル・ケラ伍長。"ミティカ"・ケラははじめIAR80/81装備の第1戦闘航空群に属し、「リベレーター」を3機撃墜、4機目は自分の小隊で協同撃墜した。ルーマニアが陣営を鞍替えしてからは、9月23日にドイツ空軍のBf109Gを1機スコアに加えたが、IAR80/81パイロットからのこうした報告は3例しかない。彼は地上でもHe111HとFw190を1機ずつ破壊しているが、公認はされなかった。ケラの公式最終スコアは13勝利。

　ルーマニア戦闘機パイロットによる3機撃墜の報告は、クルージュ地域でのソ連空軍・ARR合同作戦に対するソ連側のめずらしい査定報告でも言及されているが、当日のドイツ側の記録には、第2地上攻撃航空団第I飛行隊のFw190Fが1機、損傷を受けたとあるに過ぎない。ドイツ空軍の損失報告では、23日にBf109Gが1機でも撃墜されたという形跡は見当たらない。ただし、9月24日に、第52戦闘航空団第5中隊のゲーアハルト・メスナー士官候補生がBf109G-6「黒の4」(製造番号166014)に搭乗し、ルーマニアのどこかで死亡したと報告されている——記録のなかの日付の違いは、重要ではない可能性もある。

　事実はどうであれ、9月23日、ARRが5機の損失で敵機3機を撃墜したという報告を、ルーマニアの歴史家たちは、トランシルバニアの空でドイツとハンガリーの空軍と戦ったIAR80のパイロットたちの珍しい"勝利"と見なしている。

　トゥルダ上空の戦いは9月25日に再び始まった。1000時、第2戦闘航空群のIAR80/81が8機、ルーマニア軍爆撃機および攻撃機の護衛と地域の哨戒のために離陸した。第6戦闘航空群から、さらに多くのIARがこれに続いたが、彼らは間もなくドイツ戦闘機に出くわした。50機もの飛行機——ルーマニア人たちはそんなに多くの飛行機を、アメリカ軍の空襲以来見たことがなかった——を巻き込む空戦が、いくつも重複して展開された。

　ルーマニアの記録では、トゥルダ上空でルーマニア機とドイツ機のあいだに4度の衝突が起きた——第8攻撃航空群の6機のHs129B対6機のBf109G、第2戦闘航空群の8機のIAR80対5機のBf109G、第2戦闘航空群の別の8機のIAR80対6機のBf109G、それに第6戦闘航空群の10機のIAR80対6機のBf109Gである。ルーマニア側は機数では勝っていたが、IARはやはり熟練したドイツ空軍パイロットの敵ではなく、戦いは文字通りの虐殺となった。6機のIARが撃墜され、3名のパイロットが死んだ。イオアン・イヴァンチエヴィチ中尉(11勝利)、フランツ・セチカル兵長（少数派のドイツ系トランシルバニア人。2勝利)、それに、わずか2日前にドイツのBf109G 1機撃墜を報告したアンドロネ曹長だった。

　勝利者のひとりは第52戦闘航空団第6中隊のペーター・デュットマン少尉で、12分間にIAR80を3機仕留め、合計スコアを103機とした。ほかに勝利をあげたのはマーセン曹長、タンメン軍曹、それに第121地上攻撃航空団第3中隊の氏名不詳のパイロットだった。前回の大衝突の際とは対照的に、「ヴナトリ」からの戦果報告は1件もなかった。だが、この日はまだ終わっていなかった。

　正午過ぎ、少なくとも11勝利をあげている老練な戦闘機パイロットで、第9戦闘航空群の指揮官を務めるルチアン・トマ大尉が自由な索敵行のためにトゥルニソルを飛び立った。高度4000mを飛行中、彼とその僚機、イオン・ドブラン中尉は高空を飛ぶJu188偵察機を発見、これと戦うため7800mに上昇した。Bf109G-6「白の1」のトマが接近して射撃を加えると、すぐにユンカースは濃い煙を噴き始めた。トマは急降下するドイツ機の後ろに続いてゆき、ドブランが恐怖の目で見つめる前で、狩人と獲物はわずか数mしか離れていないところで大地に激突した。パラシュートはひとつも見えなかった。

　ドブランは基地に戻って乗機Bf109G「青の1」を着陸させ、航空群本部の置かれたテントの近くで停止した。パイロットはのろのろとコクピットから出、

いわゆる「西部戦線」で離陸合図を待つあいだ、Bf109G-6「白の1」(製造番号165662)のコクピットでタバコに火をつける第7/9戦闘航空群司令、ルチアン・トマ大尉。彼はやがて1944年9月25日、新しい戦線での実戦初出撃の際、クルージュ上空でドイツ空軍のJu 188を攻撃中、敵の後方射手に撃たれて戦死したときも、この機に乗っていた。それまでにトマは少なくとも11勝利を得ており、死後、最後のJu 188撃墜による2点が加算された。

「トマが死んだ」とだけつぶやいた。5週間前と同じ光景の繰り返しだった。そのときもドブランが、同じ航空群の指揮官で同じく大尉だったシェルバネスクが自分の目の前で撃墜されて死んだことを告げたのだった。

33歳のトマは新たな敵を相手の最初の出撃で、ドイツ偵察機を撃墜した直後に死んだ。彼は大戦中、ARRの戦闘航空群指揮官として戦死した7名の最後の人物となった。

翌日は雨もよいの曇天で、視界は数mに落ちた。だがブカレストからIAR80/81全機の飛行停止命令が届いたのは天候のせいではなく、最近の戦闘ぶりについて詳しく評価中のためだった。過去4日間に、この型を装備した2個航空群はドイツ空軍と戦って、11機を失った——戦闘可能な IAR総機数の、ほとんど3分の1！——ことを考えなくてはならなかった。ほどなく決定が

1944年10月初め、南トランシルバニアのシビウに近いトゥルニソルで、IAR81Cの前に集まったARRの士官パイロットたち。左から、ミルチェア・"ショト"・テオドレスク少尉(6勝利)、ドゥミトル・"タケ"・バチウ中尉(10。ほかに不確実3)、ゲオルゲ・ポステウカ中尉(2)、ダン・ヴァレンティン・"モン シェール"・ヴィザンティ大尉(43以上)、コンスタンティン・"ブズ"・カンタクジノ大尉(69)、トライアン・ガヴリリウ大尉(4)、ミルチェア・"ベベ"・ドゥミトレスク中尉(13)。

下された。この型は近接支援任務用に格下げされ、ソ連地上部隊の上空掩護をつとめることとなった。以後はBf109Gだけが戦闘任務を振り当てられた。消耗した第6戦闘航空群は後方に下げられ、生き残ったIAR80/81は第2戦闘航空群に再び配属された。これで同航空群はこの国産戦闘機を装備した唯一の第一線飛行部隊となった。IARの航空群をソ連製のラーヴォチキンLa-5FNとヤコヴレフYak-9で装備しなおす案も出たが、ソ連側が乗り気でなくて実現しなかった。

9月の終わりに、いわゆる"西部戦線の戦い"最初の1カ月の戦績が評価された。第2戦闘航空群は出撃60回(延べ328機)、第6航空群は出撃77回(延べ327機)、第9航空群は出撃73回(延べ314機)を果たしていた。総計105機のルーマニア機がドイツ空軍と17度の空戦を戦った。「ヴナトリ」はコロズヴァール=シャモシュファルヴァ飛行場の地上で4機を破壊したほかには、わずか4機のドイツ機の撃墜を認められたに過ぎなかった。対照的に、敵飛行機と対空砲によるARRの損失は甚大で、合わせて戦闘機25機とパイロット13名を失った。「ヴナトリ」にとっては残酷なひと月だった。

敵を追って
In Pursuit Of The Enemy

10月は悪天候と士気の低下により、出撃回数が減った。出動の多くは爆撃機と地上部隊の掩護で、ときたまは地上掃射にも飛んだ。気象および戦術的偵察飛行もたびたび行われた。敵の空中活動はわずかなもので、空戦の機会もほとんどなかった。ただ10月9日、第9戦闘航空群のBf109G-6「赤の8」(製造番号166061)が未帰還になったことが報告された。パイロットのイオアン・ヴァンカ伍長はたぶんドイツ側へ逃亡したらしい。戦後、彼はアメリカに移住したといわれる。

1944年10月27日、Bf109G装備の第9戦闘航空群のパイロットたちが、西トランシルバニアのドイツ・ハンガリー軍防衛線への出撃を控え、クルージュ=ソメセニ(ハンガリーではコロズヴァール=サモシュファルヴァ)飛行場で一服中。写真中央、ドイツ軍用ズボンのポケットに左手を突っ込んで立っているのは飛行隊長テオドル・グレチェアヌ中尉で、操縦徽章の右上にミハイ勇敢公勲章を付けている。わずか数週間前、このうち何名かは、彼らがいままさに立っている滑走路に駐機していたドイツ空軍機・ハンガリー王国空軍機を機銃掃射し、数機を破壊した。Bf109Gの主翼と胴体に見える3色の「蛇の目」に注目のこと。ルーマニアが所属陣営を鞍替えしたのち、ARRが採用したマークである。

11月もおおむね悪天候が続いた。戦闘機部隊は中部ハンガリーの新しい着陸場に移ったが、そこはたいていの場合、泥の海に成り果てていたため、出動は希だった。損失は続いたが、そのおもな原因は天候と、ひどい状態の滑走路にあった。

この時期、空中活動は盛んでなかったものの、妙な出来事が2件報告されている。11月13日付のドイツ空軍の損失報告は、第53戦闘航空団第2中隊のウーヴェ・ロッセン軍曹の操縦するBf109G-14「黒の2」(製造番号510880)が、ルーマニア軍基地に近いソルノク付近で正体不明のBf109Gに攻撃されたあと行方不明になったと記している。第9戦闘航空群の記録には、1944年10月から1945年1月のあいだに1機でも勝利をあげたという記述はない。最も可能性が高いのは、問題のドイツ機はソ連戦闘機に撃墜されたという説明だが、報告にある加害者は［ほんとうにBf109Gだったなら］捕獲された機体か、あるいはルーマニア軍からソ連軍に"貸した"ものだった可能性も残る。さらに12月4日には、C1ARの記録によれば悪天候のため実戦出撃はなかったにもかかわらず、ハンガリー側の記録では、ハンガリー第102戦闘爆撃航空群のFw190Fが1機、ベルゲンド飛行場上空で、"ルーマニアのマークをつけたBf109G"に撃墜されている。これもまた、ソ連人パイロットが操縦するメッサーシュミットだったのかも知れない。

飛行場がぬかるんでいても、「ヴナトリ」は指令に従って、離陸しようと試み続けた。その結果は、数日のうちに7機のBf109G——航空群の可動機数の3分の1——が、地上滑走中に全損するか損傷を受けた。こうした無意味な損失も知らぬ顔で、ソ連軍は敵の空中活動が激しいことを理由に、またエガー周辺で包囲されているソ連・ルーマニア地上部隊に緊急の支援が必要だという口実で、ルーマニア戦闘機を前線上空に送ることを求めつづけた。それに応じて事故はさらに増え、実際の成果はほとんどなかった。12月13日、この任務はついに中止された。

ルーマニアの歴史家たちは、1944年12月19日をARRのハンガリー進攻作戦最後の日としている。公式には10月26日に始まったとされるこの作戦は、戦後のハンガリーとの境界をめぐる、さまざまな出来事を現在まで内包するに至った。54日間に2つの航空群は、わずかに25回出撃（延べ79機）したに過ぎなかった。空中勝利の報告はなく、損失はすべて離着陸時の事故と対空砲火によるものだった。

チェコスロヴァキアでの戦いが始まったとき、Comandamentul aviatiei de vânãtoare（戦闘機飛行司令部）は第2戦闘航空群が戦力としてIAR80/81を28機、第9戦闘航空群がBf109G-6を27機保有し、うち23機が可動状態にあると報告した。

年末には、ドイツ空軍もハンガリー空軍も相変わらず空中活動は続けていたが、燃料が欠乏していたため以前ほど活発ではなかった。それでも、ルーマニア機が活動している北東ハンガリー上空で依然、何度か作戦飛行が実施された。12月23日、ポルタールへ向かう第7急降下爆撃飛行隊のJu87D-5「シュトゥーカ」を護衛していたARRのBf109Gは、黒十字をつけたBf109Gの「ケッテ」と遭遇した。それに続いた空戦で、ルーマニア軍のBf109G-6「白の1」——通常は航空群司令の乗機だが、この日は8勝利のエース、イオアン・マリンチウ伍長が操縦していた——は撃墜され、ズヴォレン（ゾールヨム／アルトゾール）近くに墜落、パイロットは負傷して地元の病院に運ばれる羽目に

イオアン・マラチェスク伍長は多くのARR士官エースから信頼を受けて僚機を務め、彼自身もリーダーの背後を守りながら多数の勝利をあげた。1944年12月13日、彼はハンガリーのトゥールケフェ飛行場のぬかるんだ滑走路から離陸しようとして事故を起こし、重傷を負って、これが最後の飛行となった。彼のBf109G「青の3」（製造番号165135、もと第27戦闘航空団第.飛行隊所属機）は登録を抹消された。終戦時、マラチェスクのスコアは21勝利。

存命する元ARRのメッサーシュミット乗りたちによれば、コンスタンティン・"レアザ"・ロサリウ中尉はジョークとパーティーと女性が好きで、「ヴナトリ」の中でも最も華麗な人物のひとりだったらしい。彼は優れた戦闘機パイロットで、射撃の名手でもあった。ソ連、アメリカ、ドイツと戦って、どの空軍に対してもエースとなり、33という注目すべき勝利をあげて、ARRの非公式エース・ランキングの第5位を占めている。写真は1943年の夏、東部戦線のどこかで、乗機Bf109Gのコクピットの縁に気楽な姿で腰かけたロサリウ。"Getta"はたぶん当時のガールフレンドの名前。胴体背部右端の燃料タンク注入口のキャップが外れ、こぼれた燃料が緑の斑点の迷彩塗装に影響を与えていることに注目。

なった。翌日は2機のIAR80A(「白の133」と「白の144」)が、前者は枢軸軍のBf109Gのために、後者はミシュコルツ基地から25km離れたヴァドナで対空砲火によって失われた。最後に、ARR第5位のエース、コンスタンティン・"レアザ"・ロサリウ中尉の操縦するBf109G-6「青の6」(製造番号164997)も対空砲火を浴びて、やむなくソ連軍戦線の後方に不時着した。これがここ約2カ月間の最後のめぼしい活動となった。

12月23日から24日にかけて空戦で撃墜された、少なくとも1機のIAR80と1機のBf109は恐らく、バラトン湖の北、ヴェスプレームを基地とするハンガリー王国本土防空軍(MKHL)第101「プーマ」戦闘航空団のBf109Gにやられたものと思われる。12月22日、ラヨシュ・クラシュチェニチュ軍曹は、"奇妙な塗装をしたBf109G"が敵意ある行動をとったので撃墜したと伝えられる。ほぼ同じころ、ハンガリー軍パイロットのひとりはカウリングを黄色に塗った空冷エンジン戦闘機を1機、撃墜したという。1945年4月に至ってもなお、エンジンカウリングを黄色く塗った飛行機が前線で就役していた証拠があるから、これは恐らくIAR80/81であろう。

1944年9月7日から12月31日のあいだに、IARを装備した飛行隊は167回の作戦出動(偵察17回、爆撃機護衛36回、地上支援103回、低空地上攻撃9回、自由索敵1回)を通じて延べ814機を飛ばせた。同じ期間にメッサーシュミットを装備した航空群は作戦出動153回(偵察32回、爆撃機護衛84回、地上支援4回、低空機銃掃射30回、自由索敵7回)で、延べ551機だった。

C1ARの乗員たちはドイツ・ハンガリー機と25回の空戦を戦い、IAR80/81のパイロットたちはわずか3勝利の報告に対し、17機を失った(空戦で9機、対空砲火で6機、敵地に不時着したもの1機、その他の理由で1機)。Bf109Gのパイロットたちは空中で1、地上で5の勝利を認められ、損失は9機(戦闘で4機、対空砲火で2機、不時着1機、その他2機)だった。総計26機の戦闘機が公式に登録抹消され、ほかに損傷が大きくてブラショフのIAR工場へ送り返さなくてはならない機体が多数あり、これらは終戦までもはや戦場に戻ることはなかった。

最後の年が始まる
The Final Year Begins

1944年が1945年に変わっても、変わらないものがひとつあった——天候である。前月の大部分、ルーマニア戦闘機部隊を地上に釘付けにした諸条件は新年に入っても続いていた。その結果、気象偵察飛行を別として、1月中は戦闘はほとんどなかった。2月半ばには、第9戦闘航空群はハンガリーのミシュコルツから、最近敵軍が立ち退いたスロヴァキアのルチェネツ(ロションツ)に移り、そこで新編成された第1戦闘航空群(第61、64飛行隊)と合流した。この後者は規模を縮小した航空群で、以前はIAR81を使っていたが、いまではIARで組み立てた新品のBf109Gで装備し、これを、ドイツ軍からの捕

獲機を再整備したもの数機を含む古い「グスタフ」で増強していた。だがこの部隊は到着するのが遅かった。パイロットは十分な訓練がされていなかったし、また当初の部隊には飛行機が10機しかなかった。

同時に、縮小される一方の第2戦闘航空群（第65、66飛行隊）の戦力に15機のIAR81Cが加えられた。2月遅くには、新しいBf109G航空群の経験の浅いパイロットたちの仲間に、ダン・ヴィザンティ少佐（指揮官）、イオアン・ミル准尉といった、いずれもトップクラスのスコアを持つベテランが何人か実戦任務につくため参加した。

2月21日、C1AR司令官エマノイル・イオネスク大将はソ連第40軍司令官F・F・イマチェンコ中将と会い、ズヴォレン（ゾールヨム／アルトゾール）での来るべき合同攻勢について話し合った。その目的は強固なハンガリー・ドイツ軍防衛線を破ることにあった。C1ARは攻撃する地上部隊を空から支援することになり、結局は大戦におけるルーマニア人パイロットによる最後の大作戦となった戦いのために、記録的な数の飛行機が用意された。

2月25日0530時、夜明け前の暗闇の中、第9戦闘航空群のBf109Gはオラディア（ナジヴァーラド／グロスヴァールダイン）飛行場からやってくるサヴォイアJRS-79爆撃機と合流するため、ルチェネツを飛び立った。ミシュコルツ基地からのJu88Aも0930時にこの編隊に加わったが、ドイツ空軍は初めBf109の「ロッテ」[2機]を偵察によこしただけだった。だが1300時以降、ピエスタニ（ペシュティエーン／ピスツィアン）を基地とするドイツ単発戦闘機が多数、戦域上空に出現しはじめた。

これに応じて1400時ごろ、第9戦闘航空群は司令コンスタンティン・カンタクジノ予備大尉に率いられてルチェネツを飛び立ち、すぐにFw190の2個「シュヴァルム」［1シュヴァルムは4機］がズヴォレン付近でソ連地上部隊を攻撃しているのを発見した。ルーマニア人たちは機数に勝る敵に向かって急降下、当時ARR第1位のエースだったカンタクジノはすみやかに、第2地上攻撃航空団第3中隊のFw190F-8「黄色の7」（製造番号584057）をヴィグラス（ヴェーグレシュ）村付近で撃墜した。パイロットのヘルマン・ハイム1等飛行兵は死んだ。カンタクジノと僚機のトライアン・ドゥルジャン兵長は、勝利報告に

1945年2月末、公式写真に納まる第2戦闘航空群のゲオルゲ・アレクサンドル・グレク伍長（左）とパヴェル・ヴィエル兵長。2人は1945年2月9日、ドゥミトル・マリネスク伍長のルーマニア軍Hs129B-2地上攻撃機が戦友2名を乗せてドイツ軍占領地へ逃亡を企てたのを、ソ連の命令で撃墜した功により、いましがたソ軍から赤旗勲章を授与られたところである。手を下したのはグレクで、皮肉にもマリネスクは第8戦闘航空群で2人の同僚だった。グレクの左胸ポケットの上は剣付き航空有功十字章。彼は撃墜確実3、不確実1の8勝利のエースで、確実撃墜はすべて連合軍側で戦ってあげている。ヴィエルに戦果はない。背後はIAR80「白の111」の尾部。真ん中の「1」の上の「M」はASAM=コトロチェニで改造された機体だけに付く接尾文字で、この機が数少ないマウザー20mm機関砲換装機であることを示す。胴体帯と翼端上面が白いのは、当時、ルーマニア第1航空軍団が従属していたソ連第5空軍の行動地域における連合軍機の識別マーク。

1944年秋、トランシルバニアの戦いの最中に、ブカレストからARRの将軍たちが第9戦闘航空群を訪れた。ドイツ軍用飛行服に身を包んだパイロットたちは左から、ドゥミトル・ゴロユ軍曹（3勝利）、コンスタンティン・ウルザケ曹長（11）、イオン・ガレア中尉（12以上）。4人の将軍はドゥミトル・ポルチェスク、フェニチ、イオアン・ゴヴェラ、アレクサンドル・ザハレスク。後ろは後期生産型のBf109G-6「赤の2」（製造番号166169）で、エルラ風防を付けている。この機体でカンタクジノ予備大尉は1945年2月25日、ドイツ空軍のBf109Gにスロヴァキア上空で撃墜された。方向舵にふつう描かれているルーマニアの3色の縦縞がないことに注意。1944年10月30日、クルージュ＝ソメセニで撮影。

第9戦闘航空軍のゲオルゲ・ポペスク=チオカネル大尉(右)と、お気に入りの僚機トライアン・ドゥルジャン兵長が、出撃の合間に一休みする。1944年4月15日、クルビティ～ポプリカニ～コルブルの三角地帯で2人ともLa-5を1機ずつ撃墜した。2人とも戦争を生き延びられなかった。ポペスク=チオカネルは1944年7月26日、マスタングと戦って重傷を負い、8月12日に死亡したが、それまでに18勝利をあげていた。ドゥルジャンは17勝利をあげたところで1945年2月25日、第53戦闘航空団第I飛行隊長ヘルムート・リプフェルト大尉に撃墜された。

必要な詳細を確認しようと、墜落する犠牲者に目をとられすぎていて、ドイツ第53戦闘航空団第I飛行隊長で撃墜203機のエース、ヘルムート・リップフェルト大尉が先導するBf109Gの「ロッテ」が接近してくるのに気づかなかった。ドイツ人たちはルーマニアの不注意なエースたちを奇襲し、数秒のうちに2機とも撃ち落した。

最初に落ちたのはドゥルジャンで、乗機「黄色の9」(製造番号166248)のコクピット内で息絶えた。"ブズ"・カンタクジノも数秒後、恐らくもう1機の第I飛行隊機に撃墜された。カンタクジノ公爵は僚機よりは運がよく、被弾したBf109G-6「赤の2」(製造番号166169)をデトヴァ北西の前線背後に胴体着陸させることに成功したが、そこはドゥルジャン機の残骸から目と鼻の先のところだった。カンタクジノのFw190F撃墜は不確実にとどまったが、これが彼の69番目の、そして最後の勝利だった。

ドゥルジャンは空戦で撃墜されて死んだ最後のARRエースとなった。彼の最後のスコアは撃墜12機で、ARRのスコア算定法では少なくとも17勝利に達する。

この波乱の多い日はこれで終わらず、カンタクジノとその僚機が撃墜された直後にはBf109Gの一小隊が、あたりに増えてきたドイツ機と戦うために飛び立った。前線の上空、ズヴ・スラチナの西方で、ARRの4機のメッサーシュミットは同数のドイツの同型機に上から襲いかかられた。そのあとの格闘戦で、ルーマニアのBf109は2機が被弾し、やむなく編隊を離れて基地に向かった。そのひとり、ホリア・ポップ中尉はのちに、自分の横をすり抜けていったドイツ機の横腹にシェヴロン[楔形模様]を見たことを思い出し、そのパイロットが中隊長だったことを示唆した。リップフェルトを除けば、この日、この地域で空中勝利を報告した唯一のドイツ人パイロットは第53戦闘航空団第1中隊のハンス・コルナーツ中尉だった。彼はアルトゾール付近で自身36機目のスコアとなるルーマニア軍のBf109Gを撃墜したと報告している。彼の僚機シ

倒れた戦友との別れ。1945年2月25日、ヘルムート・リプフェルト大尉に撃墜されて戦死したトライアン・ドゥルジャン予備兵長を悼む僚友たち。青/黄/赤のルーマニア国旗に包まれ、松の枝に覆われた彼の棺は第9戦闘航空群のBf109G-6の機首下に横たえられている。ドゥルジャンは176回目の出撃で死んだが、それまでに少なくとも17の空中勝利をあげていた。

ューマッハー士官候補生が、もう1機のルーマニアのBf109、ラウレンティウ・マヌ伍長の「黄色の2」を撃墜した可能性もある。

　ひどく痛めつけられはしたが、ルーマニア側もお返しに、コンスタンティン・ニコアラ伍長が第53戦闘航空団第I飛行隊のBf109K-4に重大な損傷を与え、同機はのちに墜落した。近年の調査で、この日、第1戦闘航空群のコンスタンティン・フォレスク中尉とイオアン・ニコラ伍長から、もう1機ずつドイツのBf109撃墜が報告されていることが判明したが、ドイツ側記録には該当する損失は見当たらない。

　2月25日以後、スロヴァキア戦線にドイツ機は滅多に現れなくなった。ドイツ軍総司令部はこの戦線に副次的な重要性しか認めず、戦闘機同士の衝突は1度だけしか記録されていない。これは4月1日、コンスタンティン・ニコアラ伍長が1機のBf109の撃墜を報告したもので、近年になってようやくルーマニアの記録文書から発見された。これが第二次大戦を通じて、「ヴナトリ」による空中戦での勝利の最後の公式な報告である。

　1945年3月からは、ARR戦闘機の出動目的は大部分が護衛任務となり、それはBf109G部隊だけが担当した。敵の拠点や隊列に対する低空攻撃も行われたが、こちらはIAR80/81が実施した。2月25日から3月24日までのあいだ、メッサーシュミットで装備した2つの航空群は105回の出撃（延べ328機）で261時間飛行した。これは可動機の少なさを考えれば、賞賛に値する働きぶりだった。

　3月26日、第1戦闘航空群はこの時期の記録にある数少ない損失を出した。Bf109G-2で飛び立ったアウレリアン・バルビチ少尉とヴィルジル・アンジェレスク伍長が、クレムニツァ（ケルメツバーニャ／クレムニッツ）へ向かう爆撃機を護衛中に姿を消した。だがこの2人のルーマニア人は撃墜されたのではなく、ドイツ側に逃亡したのだった。やがてドイツの宣伝放送局「ラジオ・ドナウ」は、Bf109Ga-2「黄色の10」（IAR製造番号312）と「黄色の12」（製造番号304）が超低空でしばらく飛んだのち、トレンチーン（トレンチン／トレンチェーン）に着陸したと放送した。

　ドイツの記録文書によると、"取調べを通じて2人のルーマニア人は、母国への共産主義の浸透を阻止できる唯一の力はドイツであるとの考えを示し、ドイツ側に立ってボリシェヴィキと戦う意思を表明した"。バルビチは戦後ルーマニアに戻り、自分は撃墜され、投獄されていたのだと主張したが、アンジェレスクの運命は不詳のままである。

　4月7日、2つの戦闘航空群はやがて始まるソ連第40軍とルーマニア第4軍の攻勢を支援するため、ルチェネツからズヴォレンの北のトリドヴリ（バディン）飛行場に移った。目標は西スロヴァキアの戦略的に重要な町、トレンチーンだった。ドイツ戦闘機はごくたまにしか現れなかったが、ドイツとハンガリーの対空砲火は大戦最後の日まで有効であり続けた。事実、機械化部隊の縦列を守っていた正確な対空砲火は第2戦闘航空群の9勝利のエース、ゲオルゲ・モチオルニツァ中尉を撃ち落とした。彼のIAR81C（「白の426」）は4月21日、29回目の出撃で、ネムチチェ（ニイトラネーメティ／ニヴィニッツ）の北のヴルツノフ上空で炎となって撃墜された。

　モチオルニツァの飛行機はわずか3日前にブラショフのIAR工場から到着したばかりだった。不思議なことに、そのエンジンカウリングが未だに枢軸軍識別色である黄色に塗られていたことは、破片が1980年に見つかってブカレ

1945年春、スロヴァキアで、乗機Bf109G-6「赤の1」を背にした第1戦闘航空群のミルチェア・テオドレスク中尉。"ショト"・テオドレスクが初めて敵と戦いを交えたのは1944年4月4日、アメリカ機によるルーマニア初空襲のまさにその日だった。彼はIAR80で1機の「リベレーター」に接近したが、防御銃火に撃たれて負傷した。南ワラキアのロシオリ・デ・ヴェデにあった基地には無事に着陸できたものの、出血で弱っていて、戦友にコクピットから助け出されて救急車に乗せられた。病院から退院後の5月5日、またも空戦で被弾したが、今度は怪我はなく、乗機「白の356」をフィンタ村付近に胴着させた。ルーマニアが陣営を変えたのち、1945年早くに前線に戻り、機種転換した第1戦闘航空群の飛行隊長となった。テオドレスクは「リベレーター」1機を確実に、1機を不確実に撃墜して戦争を終え、ARRシステムでは6勝利をあげている。

ストの軍事博物館に展示されたために判明した。モチオルニツァはARRエース最後の戦死者だった。

5月4日、ルーマニアとソ連の戦闘機同士のあいだに異様な事件が起きた。第1戦闘航空群のイオアン・ミル准尉（ARR第3位のエース）とドゥミトル・バチウ中尉（10勝利のエース）の2人は、日課の出撃から基地に戻る途中、北部ハンガリー上空で数機のP-51Dと遭遇した。ルーマニア機は翼を振って挨拶を送り、アメリカ機もこれに応えた。数分ののち、彼らはYak-3に護衛されたIℓ-2の編隊に出会った。メッサーシュミットのパイロットたちは再び翼を振ったが、ソ連機は反応せず、反対方向に飛行を続けた。いきなり、最後尾の2機のヤクが編隊を離れ、2人のルーマニア人に撃ちかけてきた。ソ連機24機以上の撃墜を公認されている43歳のミルは降下して逃げることにしたが、追いつかれ、オーストリアのシュトラスホフ・アン・デア・ノルトバーンに不時着をやむなくされた。

だが、喧嘩早い"タケ"・バチウは挑戦を受けて立ち、ソ連機2機と格闘戦を始めた。元ARRパイロット、バチウのメモ（いまだ確認されていない）によると、彼はソ連戦闘機1機を撃墜したが、機体に損傷を受け、オロモウツ（オルミュッツ）の南東30kmにあるクロメジーシュ（クレムスラー）付近に不時着した。片方の翼がもぎ取られたBf109Gから出てみれば、機体には機銃や機関砲の破孔が1ダース以上も数えられた。もしこの報告が正しければ、公式には無視されているとはいえ、バチウは第二次大戦で空中勝利を得た最後のARRパイロットになる。

ルーマニアの公式文書はミルとバチウ両名の不時着を記しているが、それ以上の説明はない。バチウは戦後間もなく、自分のPo-2複葉機で郵便を配達中に武装した盗賊に殺されたため、みずからの話を物語ることはできない。

最後の攻勢
The Last Offensive

ヨーロッパ戦線での連合軍最後の攻勢は「プラハ」作戦として5月6日に開始され、ルーマニア軍地上部隊と飛行機がこれに加わった。戦闘機部隊は例によって上空掩護をつとめ、また敵の隊列や拠点を銃撃した。戦争最後

1945年春のスロヴァキアで、第1戦闘航空群司令ダン・ヴィザンティ大尉（左）が乗機Bf109G-6「赤の1」の前で、戦友ドゥミトル・バチウ中尉と語り合う。2人の制服の襟の形の違いに注意。両名とも元第6戦闘航空群のIAR81パイロットで、Bf109Gに機種転換して枢軸軍と戦い、合わせて50を超える勝利を公認されている。"タケ"・バチウはARRで第二次大戦最後の空中戦果をあげたパイロットと目されている。1945年5月4日、ドイツの保護領だった（現在はチェコ領）クロメジーシュ上空で、彼は思いがけず同盟国ソ連のヤク戦闘機2機に襲われ、混戦の中で1機を撃墜したが、ルーマニア側も1機を失った。バチウは孔だらけになった「グスタフ」、「赤の3」（製造番号166182）で不時着し、怪我はなかった。

の日には「ヴナトリ」に最後の犠牲者が出た。第2戦闘航空群のIAR81C「白の399」のパイロット、レムス・フロリン・ヴァシレスク少尉で、地上掃射に出撃したのち、ミクロヴィチェ地区で行方不明となった。5月9日──VEデイ（ヨーロッパ戦勝利の日）──に、ARRの飛行士たちは戦闘停止を命令されたが、ドイツ軍の降伏を監視する検分飛行が11度あり、そのあとさらに数日間は出動が続いた。5月11日、C1AR司令官は、降伏を拒否して依然プラハ付近に立てこもっているロシアの反共将軍、ウラソフの軍隊を攻撃に向かう水平および急降下爆撃機を護衛するため、4名の志願者を募った。第9戦闘航空群の4名の下士官が、名誉と見なされるこの最後の任務に志願したと伝えられる。

　チェコスロヴァキアの戦いを通じ、C1ARは2個飛行隊編成の3個航空群に組織した戦闘機88機で、出撃423回（延べ1160機）、総飛行時間975時間を記録した。空中勝利はひとつも公認されなかったが、少なくともルーマニア戦闘機10機が失われ、原因はおもに対空砲火だった。

　ARRの第二次大戦5度目の、そして最後の戦いは1944年8月24日から1945年5月12日まで続いたが、これは、それまで同盟国だった枢軸国が相手の戦いだった。そのスタート時には21個戦闘飛行隊が可動機210機を保有していたが、これはアメリカ軍の攻撃が始まる前の1944年春に比べれば、3分の1に落ちていた。しかし、8月20日までは、ドイツ製機の損失は部分的にはドイツ空軍により補われていたことを考えなくてはならない。ほぼ60ないし80機の元ドイツ空軍戦闘機──Bf109、Bf110、さらにFw190──と、1945年

1945年春、第9戦闘航空群のイオン・ガレア中尉と乗機「グスタフ」。ドイツでの製造番号「166183」が方向舵の下部に見える。以前の使用者のカギ十字が垂直安定板に透けて見えるが、このころルーマニアはドイツと戦っていたのだ！　ガレアは少なくとも空中勝利12をあげて戦争を生き抜いた。その死のすこし前、ガレア退役空軍大将は本書のために思い出を語ってくれた。

1945年4月初め、ズヴォレン（ゾールヨム、アルトゾール）飛行場で、IARブラショフ製の新品Bf109Ga-6の出撃準備をする地上勤務員たち。ルーマニア製のBf109Gは3月末から前線の第1戦闘航空群に到着しはじめたが、ドイツ軍がスロヴァキアを第二戦線扱いしていたため、ほとんど戦闘は起こらなかった。第9戦闘航空群のBf109Gはドイツ空軍機を鹵獲して急いでARR用にしたものを含め、長年の使用で継ぎはぎや汚れが目立っていたのに比べ、この機体は文字通りの作り立てのようだ。

5月までにブラショフのIARで生産され、もしくは組み立てられた46機の軍用機の推定75パーセントも、合計に加えることが可能である。

1944年9月6日から終戦まで――いわゆる西部戦線の戦いの時期――「ヴナトリ」は701回の作戦出動をし、延べ2367機が飛んだ。ルーマニアの公式軍事統計は敵機撃墜数について、戦闘機によるものと対空砲火によるものとの区別をしていない。これは恐らく、ARRによる敵機撃墜報告が首をかしげたくなるほど少ないことを目立たなくするため、故意に行われたものである。敵機は101機を破壊したことが公式に記録されている。ARRの戦闘機の損失は全体の損失から分類されていないが、少なくとも30機が戦闘で、ほかに多数が事故で失われた。

戦いは終わり、不確かさが始まる
War Ends And Uncertainty Begins

終戦は、ルーマニアの戦闘機パイロットたちにさまざまな感情を呼び起こした。VEデイの日記に、イオン・ドブラン中尉は「最後の、430回目の出撃のあと、残念な思いで飛行機を降りた。悲しかった。ほんとうは幸せなはずなのに、なぜだかわからない」と打ち明けた。ホリア・ポップ中尉は戦中の航空日誌の最後のページに、多くのベテランたちの気持ちを要約して書いた。「戦争は終わった。さてどうしよう？」

それに先立つ8カ月間――ルーマニアが所属陣営を変え、いまやソ連が母国内に根を張っている――に起きたことを考えれば、パイロットたちの不安定な感情は完全に理解できた。そして終戦から2カ月後に起きたひとつの出来事は、これに関わった人々を元気づけはしなかった。

1945年7月11日と12日、帰国第一陣として、約40機のメッサーシュミットが同数のIAR戦闘機を伴ってチェコスロヴァキアを発ち、ブカレストに向かった。

第1戦闘機艦隊の戦後の基地には、ポペスティ＝レオルデニ飛行場が指定されていた。その多くは4年間も戦い続けてきた最初のベテラン戦闘機パイロットたちが、草地の飛行場に着陸して驚いたのは、わずかな牛だけがのんびりと草を食んでいる光景だった。ひとりの人間も、彼らを出迎えてはくれなかったのだ。

現実はまさしく非情だった。パレードが終わり、メダルが授与されると、厳しい平和条約がルーマニアに課せられた。保有できる軍用機は150機に減らされ、人員も1万人に削減された。1947年8月には、ARRの戦闘機数は75機に満たなかった。装備の削減と並行して、将校と下士官の大規模な現役解除が始まった。ソ連との戦いに加わったかどで、多くの人々が投獄すらされた。ときには告発の理由は"許可なくソ連との国境を越えた"とか、ひどい時は単に"武器をもっていた"という、でっち上げの容疑だった。

わずかなベテラン・パイロット以外、とりわけソ連相手に戦った人々と、国王への忠誠を守り続けた人々は、すべて除隊させられた。彼らは、"民主的"な（つまりは親共的な）思想をもつ労働者や貧農など、"健全"と考えられる階級出身の若い世代のパイロットたちのために、席を空けなくてはならなかったのだ［1947年12月、ミハイ国王は退位を強いられて国外に去った］。"ファシスト"製のBf109G-6は、次第にソ連製の戦闘機（たとえばラーヴォチキンLa-9）に代わっていった。

第二次大戦のルーマニア戦闘機隊の物語には、まだ語られていない奇妙な余話がひとつある。1945年6月1日、ソ連軍はスロヴァキアの首都ブラティ

仲間から「苦行僧」とあだ名されていたイオン・ドブラン中尉と乗機Bf109G-6。1945年春、スロヴァキアの水浸しの飛行場で。ルーマニアのBf109エースでは最後の生存者のひとりであるドブラン退役空軍大将は最近、74回の空戦で15の勝利をあげた戦中の体験の詳細を生き生きと描写した日記を出版した。著者との詳細な面談のなかで、ドブランは戦中の「ヴナトリ」の日々の生活について、貴重な識見を提供してくれた。

ヨーロッパの戦いが終わった後の1945年7月31日、ハンガリーのミシュコルツ飛行場で撮影された、第9戦闘航空群パイロットたちの最後の集合写真。立っているのは左から、ステファン・オクタヴィアン・チウタク中尉（11勝利）、イオン・ドブラン中尉（15）、コンスタンティン・ウルザケ伍長（11）、航空群司令エミル・ジェオルジェスク大尉（8）、コンスタンティン・ロサリウ中尉（33）、イオアン・ミク大尉（13）、ミハイ・ルカチ中尉（スコアなし）、ミルチェア・センケア中尉（9）。前左はイオン・ガレア中尉（12以上）、右はイオン・マラチェスク予備伍長（21以上）。背景にはBf109Gが長い列をなして、きちんと並べられている

「ヴナトリ」がルーマニアへ帰国の途中の1945年7月31日、ハンガリーのミシュコルツに立ち寄った際、イオン・ガレア中尉は婚約者クララ（中央）に会う機会を得て写真を撮った。のちに2人は結婚する。左は妹のマグダ。ガレアの乗機、使い古された後期生産型Bf109G-6「赤の1」の尾翼に、くだけた様子で腰かけているのは飛行隊長テオドル・グレチェアヌ大尉。ほかの人物はイオン・ドブラン中尉（飛行機の向こう側）とミハイ・ルカチ中尉（左）。後方にIAR80/81が見える。

1945年春、羊皮のドイツ空軍用飛行服に身を包んでBf109G-6のスピナ下に立つテオドル・グレチェアヌ中尉。当時の彼は少なくとも24勝利を公認され、ARRの非公式エース番付で第10位だった。のちに退役大将となってからのグレチェアヌの話では、彼は1945年6月1日、スロヴァキアのブラティスラヴァーヴァイノリで、セレズニョーフ大将に率いられたソ連軍を前に、Me 262ジェット戦闘機で即席のデモ飛行をして見せたことがあるという。これはグレチェアヌが死の前年、重病の床で著者に語ったことだが、大いに疑わしい。彼の戦中の航空日誌には、Me 262で飛んだとは一言も書かれていない。

スラヴァ（ポゾニー／ブレスブルク）に近いヴァイノリ（ポゾニーシェレシュ）飛行場で大掛かりな航空ショーを開き、これに数人のルーマニア人パイロットが参加したといわれる。目的は最新のソ連機およびアメリカ機と、ドイツの技術能力を比べてみせることにあった。

出場したルーマニア人のなかに、ARR第10位のエースで、24を超える勝利点をもつテオドル・グレチェアヌ大尉がいた。彼は自分の乗機「赤の316」で飛んだが、これはブラショフのIARで組み立てられた最初のBf109Ga-6でもあった。グレチェアヌは亡くなる少し前、著者とのインタビューの中で、当時ブラティスラヴァに評価試験のために運ばれて来ていたMe 262ジェット戦闘機を飛ばすという、たいへんめずらしいチャンスを与えられたと語った。しかし、彼の航空日誌には当日、Bf109Ga-6で1時間のデモ飛行をしたことしか記載されていない。そうしたわけで、彼の生涯の晩年になされた前記の主張は相当に疑わしいものと考えなくてはならない。

このエピソードの背後にある真実はどうあれ、1940年代の後半には、かつて東ヨーロッパで最も強力なもののひとつだった戦闘機隊と、その名だたるパイロットたちが、不名誉な結末を迎えていたという事実は動かない。そのあと40年のあいだ、ルーマニアはソ連の衛星国であり続ける。しかし、その勇敢な「ヴナトリ」の行為は、決して忘れられることはあるまい。

chapter 6
高位のエースたち
leading aces

　第二次大戦で勇名を馳せたルーマニア戦闘機パイロット多数のなかから、上位4名を選んで、その経歴をより詳しく見てみよう。

▌コンスタンティン・カンタクジノ
Constantin Cantacuzino

　1905年11月1日、ブカレストで、裕福な貴族の家に生まれたカンタクジノ公爵——母親からは"ブズ"と呼ばれ、これが生涯のニックネームとなった——は、少年のころからさまざまなスポーツに多大の才能を示し、国内および国外でいくつものトロフィーを獲得した。当然ながら、空を飛ぶことにも惹かれ、27歳のとき、カンタクジノは親戚のイオアナ・カンタクジノがブカレスト=バネアサで経営していた私立の飛行学校に入った。ここでも抜群の能力を発揮した彼は、講習わずかに2週間で、「観光旅行パイロット一種」（基本レベル）の免許を取ってしまった！　1933年8月には同二種免許を獲得、その2年後には、カンタクジノ公爵は多発輸送機パイロットのライセンスを得て、ルーマニアの国営航空会社であるLARESに入社した。

　同じ年、裕福だったカンタクジノは最初の自家用機に、アメリカ製のフリートF-10D複葉機を買い入れた。続いて、さまざまなコードロン、フリート、ICAR、ビュッカーなどを購入し、計画中の長距離飛行と、空中曲技の腕を上げるための経験を得た。実際、曲技では1939年のルーマニア・チャンピオンに選ばれるほど上達した。"ブズ"は間違いなく、1930年代のルーマニアで最も人目につくパイロットだった。

　ソ連との戦争の前、カンタクジノは予備役中尉として招集されたが、LARESでの仕事があるため、軍務は免除されるはずだった。彼はARRのエリート戦闘機部隊のひとつ、第53戦闘飛行隊に配属され、戦争が始まったのちの1941年7月5日に入隊した。この部隊はハリケーン装備だった。カンタクジノは最初の実戦出撃から1週間も経たぬうちに、最初

コンスタンティン・カンタクジノ予備大尉は第二次大戦のルーマニア戦闘機パイロットの中で最多のスコアをあげた。ARRに加わる前、彼は有名な熟練パイロットで、1939年にはルーマニアの空中曲技チャンピオンに選ばれている。これは1938年、パリのル・ブールジェ空港で、自家用のアメリカ製フリートF-10D複葉機（登録記号YR-ABY）の前に立つカンタクジノ。

ARRの生き残りトップ・エース2人、コンスタンティン・カンタクジノ予備大尉(中央右)とダン・ヴィザンティ大尉が1945年4月、スロヴァキアのルチェネツ飛行場で記者たちのインタビューに答える。背景はシュトゥーカ。両人とも特徴あるミハイ勇敢公勲章を身に付けているが、ドイツの鉄十字章のほうはとうの昔に姿を消した。当時、2人のエースは合わせて少なくとも112の空中勝利を公認されていた。

の撃墜を報告した。

7月11日、彼はイズマイル付近でソ連軍のDB-3爆撃機1機を撃墜したことを公認された。2日後にはさらに爆撃機2機撃墜を報告したが、1機しか認められなかった。この戦闘でカンタクジノのハリケーンは爆撃機の防御銃火に撃たれ、トゥルキアで、自分が落とした敵機の残骸の近くに緊急着陸した。さらに2日後、彼はDB-3爆撃機を2機落とし、どちらも公認された。8月1日にはベッサラビアの戦いでの自身最後の撃墜を報告したが、確認されなかった。爆撃機ばかりを落とした——ルーマニアでそんなパイロットは彼しかいなかった——カンタクジノは、ARRのスコア算定システムで12勝利を認められ、1941年中の非公式なエース・リストでは3位となった。

ARRの最初の戦いが終わると、カンタクジノはLARESに復帰し、主席パイロットに昇進、国内線および国際線で旅客を運びながら、前線への輸送飛行も1942年末までに45回実施した。このあいだにBf109Eへの10日間の転換コースに参加し、また1941年12月にウクライナ人亡命パイロットが乗ってメリトポリ飛行場まで飛んできた、ソ連製MiG-3戦闘機に試乗する機会も得た。

カンタクジノは実戦部隊に戻りたいと繰り返し要請を続け、その結果、1943年5月にティラスポリに到着した。ここでは選ばれたルーマニア戦闘機パイロットたちがBf109Gへの機種転換の最中だった。彼はそのコクピットと計器盤を注意深く調べてから乗り込んで、何の苦もなく離陸して見せたといわれる。翌日、彼は新しい「グスタフ」で前線へと向かい、第7戦闘航空群に配属されて、ポリズ予備中尉の後任となった。ポリズは1941年の戦いで大きな戦果をあげたが、5月6日に戦死していた。

新しい飛行機(Bf109G-4「白の4」、製造番号19546)でのカンタクジノの初勝利は、アレクサンドロフカの近くでソ連のスピットファイアを2機落としたもので、1943年6月29日のことと記録されている。ソ連軍の腕利きパイロットが操縦する、このイギリス製戦闘機と格闘中、カンタクジノ機もエンジンと翼に何度も被弾し、やむなく友軍占領地内に不時着した。つぎの7月18日の空戦では、"ブズ"はクイビシェフードミトリエフカ地区で2機のLaGG-3と1機のIℓ-2の撃墜を報告したが、戦闘機は目撃者が居なくて1機しか公認されなかった。

いまやカンタクジノ予備大尉は、もうひとりの卓越したエース、シェルバネスク大尉と非公式な撃墜競争のさなかにあった。1943年8月末、東部戦線での2度目の服務を終え、ルーマニアに呼び戻された時点で、カンタクジノは敵機27機を撃墜していた(ARRのシステムでは28勝利となる)。相手は7月27日にクテイルニコヴォ上空で落としたPe-2偵察機1機を除いて、すべて戦闘機と地上攻撃機だった。これらを1941年のスコアに加えたことで、カンタクジノは空中勝利36(公認25、不確実11)に達し、ルーマニアのトップ・エースとなった。

このエースによる数多い離れ業のひとつは、1943年6月から7月にかけて行われた、ソ連軍襲撃機に対する28度にのぼる夜間迎撃だった。彼は夜戦について正式な訓練はまったく受けていなかったのに、離着陸を助けるため燃やすドラム缶わずか数本の明かりに照らされた飛行場から、通常のBf109Gを使って出撃したのだ。これらの迎撃でカンタクジノは1機の戦果をも報告しなかったものの、その業績はARRでも類のないものとして残った。

空の戦いは1944年4月、ルーマニア上空にアメリカ陸軍航空隊が出現した

ことで、その形を変え、4月初旬、カンタクジノは首都防衛を任務とする第7戦闘航空群第57戦闘飛行隊に配属された。4月15日にはブカレスト上空でB-24Dを1機撃墜し、アメリカ機に対する初の勝利を収めた。4発機である「リベレーター」を落としたことで勝利点3を認められたにもかかわらず、カンタクジノはエース・リストでは2位にとどまった。それはシェルバネスクが1943年から1944年にかけての冬、多数のスコアをあげたのに、カンタクジノはそのあいだ、猩紅熱で病院に閉じ込められていたためだった。

前線はルーマニアの北東国境に急速に迫り、4月末、第7戦闘航空群は戦意ますます旺盛な敵に対抗するため、モルダビアに再び移動した。ゲラエスティーバカウに再移動して数日後の4月28日、カンタクジノはヤーシ地区でヤクを1機、初めて撃墜したことを報告した。5日後にはソ連戦闘機3機を仕留めたが、公認されたのはエアラコブラ2機だけだった。5月5日にはエアラコブラをもう1機、翌日にはYak-7を1機落としている。この月のあいだに、彼はYak-9の2機撃墜も申告しているが、どちらも認められなかった。

1944年6月、カンタクジノは、ソ連とのあいだを往復する「シャトル」任務に就いているアメリカ機と再び戦う機会を得た。6月6日、激しい格闘戦で、彼はついに1機のP-51（彼が最も高く評価した戦闘機）を自分の「グスタフ」の照準器に入れることができた。マスタングはヴァルディタ＝ティギナに不時着し、パイロットのジョン・D・マンフォード中尉（第325戦闘航空群）はソ連軍前線に逃亡した。この月遅く、カンタクジノは「リベレーター」を2機撃ち落としたが、2機目は僚機コンスタンティン・ルングレスク予備伍長との協同撃墜だった。6月28日にはYak-9を1機撃墜。7月15日にはP-51をもう1機仕留めるチャンスを得、撃墜を申告したが不確実となった。7月20日と23日にソ連戦闘機を2機落としたあと、8月4日、"ブズ"は第82戦闘航空群のP-38Jに対し、2機撃墜のスコアをあげた。

シェルバネスクの悲運の死により、カンタクジノは前に出るチャンスを得た。8月20日、ヤーシ＝キシニョフ地区でソ連軍の強力な攻勢が始まり、それに伴って前線で空中活動が盛んになったことが、さらにスコアを伸ばす機会を増やした。彼はこれを最大に利用し、攻勢の初日にヤク戦闘機を1機撃墜、翌日にはさらに3機を追加した。

1944年8月23日、ルーマニアで起きたクーデターは政治的および軍事的状況を劇的に変えたが、このときカンタクジノは、連合国とできるだけ早く接触し、彼らにルーマニア側の和平条件を伝えるという、細心の注意を必要とする外交使命を与えられた。"ブズ"のとった行動は、Bf109G-6Y、旧「赤の31」（製造番号166133）の胴体の中に、ルーマニアにいたアメリカ人捕虜のうち階級が最高位のジェイムズ・ガン3世中佐を押し込んで、一緒にイタリアに飛ぶという破天荒なものだった。2人のパイロットは8月27日、アメリカ人たちが驚くなかをイタリアのフォッジアに着陸した。カンタクジノは翌日戻ったが、このときは

コンスタンティン・カンタクジノ予備大尉の見守る中、第9戦闘航空群第57戦闘飛行隊のエミル・バラン兵長（10勝利。1944年7月26日戦死）が、カンタクジノの乗機Bf109G-4の尾翼にもうひとつ、勝利の縦棒を書き入れる。縦棒は白で、上に小さな赤星が付き、ソ連機に対する勝利を示している。40番目の縦棒は1944年5月3日、モルダビアの首都ヤーシ付近でカンタクジノが撃墜したP-39「エアラコブラ」である。予備士官だったカンタクジノは常に戦闘部隊にいたわけではなく、このP-39はほとんど1年間の不在ののち、部隊に復帰してから初の撃墜だった。"ブズ"・カンタクジノはこの写真撮影後、間もなくYak-9を1機撃ち落とす。

マスタングに乗ってきた——この機の操縦法をまったく教わっていないにもかかわらず。数日して彼は再びイタリアへ飛び、帰りはまた別のマスタングに乗ってきた。

前線がハンガリー国内まで進んだ1944年10月、カンタクジノは新しい第7/9戦闘航空群に加わったが、こんどの敵は枢軸軍だった。ルチアン・トマ大尉の死により、カンタクジノは航空群司令に任命された。1944年末の数カ月、消耗したドイツ空軍は東部戦線のあまり重要でないと見なされた地区には滅多に姿を見せず、カンタクジノはスコアを伸ばすことができなかった。だがその前の8月25日と26日、彼はブカレスト攻撃にやってきたドイツ第4爆撃航空団第I飛行隊のHe111Hを4機撃墜して8勝利をあげ、この成功でARRの勝利点ランキングの第1位に躍り出ていた。

ドイツ戦闘機と戦う機会は1945年2月25日にようやく訪れた。カンタクジノとその僚機ドゥルジャン兵長は自由索敵飛行中、スロヴァキアのデトヴァ付近で連合軍地上部隊を攻撃中のFw190の編隊を発見した。第2地上攻撃航空団第3中隊のFw190Fを1機、ただちに撃墜したものの、そのあとルーマニア人2人は上空に待ち伏せしていたドイツ空軍Bf109Gの「ロッテ」に奇襲された。ドゥルジャンは致命傷を負い、カンタクジノは前線背後に胴体着陸した。彼はこの戦闘で69点目の、そして最後の空中勝利を得たのだが、唯一の証言者が死亡したため公認されなかった。

コンスタンティン・カンタクジノは40歳で戦闘機パイロットとしての経歴を終えたが、それまでに実戦に608回出撃し、210回の空戦を戦っていた。ルーマニアが戦った三つの大空軍、すなわちソ連・アメリカ・ドイツのすべての空軍に対してエースとなった点でも、彼は卓越した存在だった。1943年8月に剣付きミハイ勇敢公勲章（3級）を受け、1946年11月11日には再度授与されている。

戦後、カンタクジノは商業パイロットに復帰するため、旧LARESから改名されたTARSに戻った。だがルーマニアではソ連の影響力が増大し、また新しい親共産主義政権が多くのルーマニア人パイロットたちを迫害したことで、カンタクジノは機会のあるうちに亡命する決意を固めた。1948年1月13日、ミラノへの定期飛行の途中、彼は母国に戻らぬことを決心した。フランスへ行き、ついでスペインに移り住み、そこで1958年5月26日、わずか53歳で亡くなった。死因はわからない。ルーマニアで最も有名だった民間および軍用パイロット、そして最も多くのスコアをあげたエース、コンスタンティン・カンタクジノは、マドリードに埋葬されている。

1944年8月末、ブカレストに近いポペスティ＝レオルデニ飛行場から、ルーマニアのトップ・スコアラー、コンスタンティン・カンタクジノ予備大尉が"戦利品"のマスタング「Sweet Clara」を離陸させようとしている。数日前、彼は秘密の外交任務を帯び、ルーマニアにいたアメリカ人パイロット捕虜のうち、階級最上位のジェイムズ・ガン3世中佐を乗機Bf109G-6Y「赤の31」（製造番号166133）に同乗させて、中佐の基地であるイタリアのフォッジアに飛んだ。アメリカ人たちを驚かせた到着のあと間もなく、カンタクジノの「グスタフ」は試しに乗って見たくなったアメリカ人パイロットにより、離陸時に破損してしまった。当時の資料によれば、カンタクジノは自分のメッサーシュミットを、空戦で相手をして以来、一度は飛んで見たいと思っていたマスタングと交換したのだった。この機体は実戦使用期間が過ぎたP-51B-15（43-24857）で、以前は第325戦闘航空群第319戦闘飛行隊の撃墜5機のエース、ロバート・M・バーケイ少佐が使っていた。皮肉にも、バーケイは本機でルーマニアのBf109Gを少なくとも1機は落としている。

アレクサンドル・シェルバネスク
Alexandru Serbănescu

1912年5月17日、オルト州コロネスティーヴライチに生まれたアレクサンドル・シェルバネスクは、1933年にシビウの歩兵士官養成学校を卒業して少尉

に任官し、ブラショフの山岳兵部隊に入隊した。1939年早くに空中観測員学校に入り、同年、飛行士資格を得た。1940年にはもう28歳になっていたが、飛行学校に入って、10月31日に戦闘操縦士資格を獲得、戦闘機乗り組みとなり、PZL P.11、IAR80、ついでBf109Eを操縦した。

　1942年4月、シェルバネスク中尉は第7戦闘航空群に転属し、第57戦闘飛行隊の一員として、9月2日に前線に到着した。スターリングラードへ初の出撃を行ったが、間もなく9月12日に飛行隊長が戦死したため、隊長代理を命ぜられた。シェルバネスクの開眼は9月17日、スターリングラード北東で撃墜第1号となるYak-1を落としたときに始まった。8日後にはコトルバン北西でI-153を1機落としたと報告したが、公認されなかった。11月17日の時点で、彼の出撃回数は航空群で最も多いものになっていた。

　地上戦に若干の経験のあったシェルバネスクは1942年11月22日、カルポフカ飛行場がソ連軍の攻撃を受けた際は、これを撃退すべく部下たちを組織した。彼の指導のもと、少数の飛行士たちは飛行可能な「エーミール」に地上勤務員をひとりずつ押し込んで、夜明け前に飛び立った。1943年1月20日、シェルバネスクと僚機のティベリウ・ヴィンカ予備兵長はバタイスク=マニチュカヤ地区に自由索敵飛行に出かけた。クディノフ上空でルーマニア人たちはソ連軍のハリケーン数機と遭遇し、それぞれ1機ずつ勝利を収めた。

　戦功を認められ、シェルバネスクは1943年3月6日に大尉に進級した。その直後、30名のパイロットが選抜されて、ドイツ第3戦闘航空団「ウーデット」のなかに実験的に設けられるドイツ・ルーマニア合同戦闘機部隊、「ドイツ=ルーマニア王国戦闘団」を編成することになった。シェルバネスクはこの合同部隊に配属されるARRの三つの飛行隊のひとつ、第57戦闘飛行隊の指揮官に指名された。ルーマニア人たちは3月初旬に南ウクライナのパヴログラード飛行場に到着し、新品のBf109Gを受領した。この月の終わりまでには、強力なソ連軍が展開する前線に、最初の出撃が実施されていた。

　シェルバネスクが指揮官として卓越し、また大きくスコアを伸ばし始めたのはこの時期だった。始まりは4月5日で、イジュム南方でYak-7の1機撃墜を報告した。3日後には同じ地区の北西でLaGG-5を1機落とし、エースとなった。この月の終わりまでに、さらに2機の撃墜を認められ、5月には不確実1機を加えた。200回を超える出撃のあいだに8勝利をあげたシェルバネスクは、ARR戦闘飛行士たちの上位グループのなかに確固たる地位を占めるに至った。

　1943年6月1日に実験的合同戦闘団が解散したあと、シェルバネスクとそ

戦中のルーマニアで出されたアレクサンドル・シェルバネスクの宣伝写真で、説明は「ワラキアの荒鷲・カルバティア山脈の緑の松」。シェルバネスクは55空中勝利をあげたARR第2位のエースで、存命のルーマニア飛行士たちからあまねく尊敬を集め、戦中のARRの最高の英雄と目されている。機数でも性能的にも優勢な敵と戦って死んだため、彼はかつての枢軸時代の同盟国と戦うといった"汚い仕事"にかかわらずに済んだ。シェルバネスクの命日には、ブカレストのゲンチェア軍人墓地にある彼の墓前に存命の戦闘機パイロットたちが集まり、故人を偲ぶ慣わしが、じつに共産主義統治時代から続いている。集まる旧「ヴナトリ」の数が毎年減ってゆくのは悲しい。

1943年3月初め、進級して間もない第7戦闘航空群司令アレクサンドル・シェルバネスク大尉が、スターリングラードへの出撃を前に部下のニコラエ・イオル伍長（5勝利）から要旨説明を受ける。このころには使用可能な飛行機はBf109Eが3機、He111Hが1機しかなく、これらはやがて統合されて混成部隊となり、ニコラエ・イオシフェスク司令の名をとって「イオシフェスク混成航空群」と呼ばれた。この「エーミール」の唯一の勝利は1941年6月27日、ブルガリカ飛行場で地上のソ連戦闘機を1機破壊したものである。

の飛行隊は「第1ルーマニア航空軍団」に属し、ドネツ川とミウス川の地域で戦いを続けた。彼は次々と勝利を重ね、6月には、26日にツァルトイェ付近で落としたスピットファイア1機を含むソ連戦闘機3機を撃墜した。

7月5日、シェルバネスクは航空有功騎士十字章を授与された。だが4日後には幸運に見放され、敵軍縦隊を機銃掃射中に地上から撃たれて顔面に傷を負った。目に血が入ってよく見えなかったが、どうにか乗機Bf109G-4（製造番号14865）を操って、基地に戻ったものの不時着し、機体は80パーセントの損傷を受けた。ようやく傷が治ったばかりの8月20日、エースはまた負傷して、顔に永久に傷跡が残った。

1943年8月はシェルバネスクにとって最も成果の多い月となり、確実10、不確実2の勝利をあげた。3機を除いて、すべて落としにくいIℓ-2だった。実際、これらの勝利により、彼はシュトルモヴィーク10機公認撃墜、4機不確実撃墜という、ルーマニア最高の地上攻撃機キラーとなった。シェルバネスクは1943年8月30日、権威あるミハイ勇敢公勲章（3級）を授与されるARRの5名のトップ・パイロットのひとりに選ばれたが、その時点で彼は公認15、不確実4——すべて戦闘機か地上攻撃機——のスコアを持っていた。その数日前にはドイツ軍も、共通の敵・ソ連相手の戦いにおけるシェルバネスクの奮闘に対し、1級鉄十字章を贈って報いていた。

9月にはシェルバネスクは3週間の休暇を得たため、ルーマニア軍のJu87Dを護衛中に落とした1機のYak-1しかスコアをあげられず、それも不確実とされた。10月最初の日、彼は自身初の多発機の獲物として、武器貸与法でソ連に送られたボストン爆撃機1機をビリウツキ島の東で撃墜したと報告した。2日後にはヤクをもう1機、5日にはYak-9 1機が続いた。この月は、28日にアキモフカ地区で落としたヤク2機を含む、さらに4機の撃墜が申告された。

この年の勝利はこれで終わりだったが、興奮は終わらなかった。10月10日、シェルバネスクは敵戦闘機と激闘の末、燃える飛行機で敵と味方の中間地帯に不時着したことが伝えられた。彼は第4山岳兵師団の兵士たちに救出され、その乗機——初めてルーマニアに供給されたBf109G-6「黄色の44」（製造番号15854）——も、やがて発見された。

1943年末の時点で、シェルバネスクは第9戦闘航空群に所属し、出撃368回、空戦126回を通じて撃墜公認27、不確実6の戦果をあげていた。

1944年に入ると、枢軸軍はソ連軍の進撃を食い止めようとして、さらに戦闘が激しくなった。1月、シェルバネスクは撃墜確実1機、不確実1機を公認された。前者は14日、みずからの基地であるレペティハの上空で、ヤク戦闘機11機と単身戦って得たものだった。2月9日には第9戦闘航空群司令に就任したこともあり、2月と3月にはそれぞれ1機ずつしかスコアを伸ばせなかった。

4月、ソ連の圧力が増大して赤軍はルーマニアの北東国境を越え、シ

1943年晩夏、マリウポリ飛行場で最新の空中勝利を祝福されるアレクサンドル・シェルバネスク大尉。人物は左から、氏名不詳の整備員、ルチアン・トマ大尉（1944年9月25日戦死、13勝利以上）、コンスタンティン・ルングレスク予備伍長（1944年6月24日戦死、24勝利以上）、シェルバネスク（1944年8月18日戦死、55勝利）、氏名不詳の士官パイロット、技術士官のマリン・ブスカ技術中尉。後ろはシェルバネスクの乗機、全体がダークグリーンのBf109G-2/R6（製造番号13755）で、主翼下面に20mm機関砲を納めた一対のゴンドラを装備している。この武装追加により、最高速度は30km/hほど低下したが、シェルバネスクやミルなどのベテランは、この砲でBf109Gの"パンチカ"が増すことのほうを喜んだ。

ェルバネスクはヤーシの北でヤク2機を撃ち落した。このときシェルバネスクは第一のライバルだったカンタクジノをスコアで追い抜いている。カンタクジノは当時、ARRのスコア算定システムのもとで勝利点39を認められていたが、実際に撃墜した機数ではシェルバネスクが上だった。4月20日、彼は実戦出撃500回を達成した。

5月はARRにとって最も多忙な月となり、最後の10日間にシェルバネスクはシュトルモヴィーク1機と戦闘機5機の撃墜を認められた。戦闘機はすべて武器貸与法でもたらされたP-39で、25日にはまとめて2機を落としている。これらの勝利により、シェルバネスクは勝利点31のARR第6位のエース、クリステア・キルヴァスツァ伍長と並んで、ルーマニア第一のエアラコブラ・キラーとなった。

6月と7月、東部戦線の戦いは中休み状態が続いたが、そのときルーマニアの空には新たな敵——アメリカ陸軍航空隊——が出現していた。シェルバネスクが現実にアメリカの侵入者と戦う最初のチャンスは6月11日に訪れ、B-17「空の要塞」を1機撃墜した。次に彼が撃墜を申告したアメリカ機は7月22日のP-38「ライトニング」1機だったが、公認されなかった。この月最後の日、シェルバネスクはP-51を1機落とし、8月4日にはもう1機を仕留めた。だがこのルーマニア最高位のエースは、インデペンデンタ駅の近くに墜落して彼の52番目の餌食となった第52戦闘航空群所属のP-51Dが、自分の最後の勝利となることを知るはずもなかった。

1944年8月18日、機数も火力も劣勢なルーマニア機は、アメリカ第31戦闘航空群の数十機のP-51により、ほとんど空から一掃された。最大の打撃は第9戦闘航空群司令、シェルバネスク大尉自身の戦死だった。彼の飛行機は

第9戦闘航空群が対象の式典で、アレクサンドル・シェルバネスク大尉に勲章を贈る空相ゲオルゲ・ジエネスク大将。受章者の後ろはコンスタンティン・カンタクジノ予備大尉とコンスタンティン・ルングレスク予備伍長（24勝利）。向かってシェルバネスクの右にはイオアン・シミオネスク予備中尉（5勝利）、イオアン・ミル3等准尉（52）の顔も見える。きちんとした身なりの正規士官シェルバネスクと、いささかだらしのない感じのカンタクジノが対照的。貴族出身の予備士官カンタクジノは、自分が戦うことも軍人の厳しい義務というより、むしろスポーツと見なしていた。エース番付でトップを争っていたこの2人は反りが合わなかったと言われ、一緒に写真に納まることは滅多になかった。

1944年6月、テクチ飛行場で、第9戦闘航空群の「グスタフ」を背に冗談を交わすアレクサンドル・シェルバネスク大尉（右）とイオアン・ミル3等准尉。両人とも1級鉄十字章と出撃記念黄金略章を付けている。さらにミルの上着にはミハイ勇敢公勲章と、2級鉄十字章の略綬が見える。

無線機が故障していて、高高度でマスタングに奇襲されたとき、僚機からの警告を聞くことができなかった。シェルバネスクのBf109G-6は弾丸を浴びて、ブラショフ近くのルサヴァト峡谷に墜落した。

戦死時、32歳のアレクサンドル・シェルバネスクは撃墜確実47、不確実8を認められ、撃墜機数ではARR第一のエースだった。戦闘機パイロットとして2年間を生きたなかで、彼は590回実戦に出撃し、235回の空戦を戦った。シェルバネスクはARRの現役パイロットが誰ひとり受けたことのない「ミハイ勇敢公勲章2級」

むかしアレクサンドル・シェルバネスク大尉（左から2人目）に会いに1944年6月、テクチ飛行場を訪れた山岳部隊の士官（右端）。2人のあいだの第9航空群のパイロットたちは左から、ハリトン・"トニー"・ドゥセスク中尉（12勝利）、（たぶん）アンドレイ・ラドゥレスク曹長（18）、ミルチェア・センケア中尉（9）、イオアン・ミル3等准尉（52）、イオン・ドブラン中尉（15）、それに氏名不詳の飛行士。

の受章を推薦されたが、その死からわずか5日後にルーマニアが連合国側に陣営を鞍替えしたため、勲章は贈られずじまいとなった。

数量的、また性能的に優位を誇っていた敵に立ち向かって戦死し、また枢軸側との戦いに加わらず、"汚れ"ずに済んだシェルバネスクは、すみやかに同僚たちのあいだで伝説の人物と化した。1944年8月23日以降、もはや彼の名を口にすることは "政治的に正しく" ないとされたものの、1989年12月に共産主義体制が崩壊すると、シェルバネスクは再び賞賛の対象となった。今日、ブカレストの大通りのひとつはアレクサンドル・シェルバネスクにちなんだ名がつけられている。ひとりの戦中のルーマニア戦闘機パイロットに捧げられた、類のない感謝の印である。

イオアン・ミル
Ioan Milu

1902年、ブラショフに生まれたイオアン・ミルは小さなころから空を飛ぶことが憧れだった。18歳になったときはもう地元の飛行学校では優等生で、第一次大戦当時の複葉機で飛んでいた。1922年に軍曹として空軍に入隊し、12年後、ARRのエリート戦闘機部隊に転属することを決心した。技能を認められたミルは、1937年1月1日に発足した精鋭戦闘機部隊、第1戦闘機艦隊に配属となり、当時のARR主力戦闘機だったポーランド製のガル翼機、PZL P.11で飛んだ。近代化計画のあいだは新型戦闘機の導入に従事した。

ソ連との戦いの初日、ミルはBf109E装備の第56戦闘飛行隊の一員として、南部モルダビアのロムニクル＝サラトに駐屯していた。そして護衛や空中阻止任務に出撃し、ときには空戦や地上掃射も実施した。イオアン・ミル曹長は1941年のARRの最初の戦いを、敵3機撃墜を公認されて終えた。

ミルはスターリングラード戦には参加せず、代わりに沿岸パトロールと本土防衛任務についた。この比較的ひまな時期を利用して、ミルは下士官から難関の3等准尉に昇進するための厳しい試験に合格した。

1943年春、ARRの再編成と、最新型ドイツ製機への機種転換が行われたのに続き、ミルを含む第7戦闘航空群のパイロットたちは選ばれて、有名なドイツ第3戦闘航空団「ウーデット」の第III飛行隊に臨時に配属された。この部

隊がパヴログラードに到着して間もない4月10日、イオアン・ミルはスタロビエルスク飛行場の地上にあった飛行機1機を破壊したが、ドイツ軍の厳格な規定により公認はされなかった。だが数日後に出された2機目の申告――クラマトルスカヤの南西に炎上して落ちたPe-2――は公認となった。2週間後にはクラースヌイ・リマン東方でIℓ-2を1機落とし、公認勝利をあげた。これはミルにとって5機目の公認撃墜で、彼はルーマニアで最高齢の、41歳でのエースとなった。

「ウーデット」航空団でのミルの最良の日は5月6日に訪れた。爆撃任務終了後、彼は単身、ソ連戦闘機延べ10機と2度の空戦を戦って、3機のLaGG-3を撃ち落したのだ。実験合同部隊が1943年6月1日に解散したとき、ミルは撃墜公認4機、不確実3機を与えられていた。

第3戦闘航空団での最後のスコア――5月16日にMiG-3を1機、ただし目撃証人はなし――をあげたあと、ミルは比較的静かな日々を楽しんだ。だが1943年8月は戦士としての彼の経歴のなかで最も実り多く、一方ではもう少しで悲劇に終わりかけた月となった。8月4日、ミルはドイツ軍偵察機を護衛中、彼の10番目の犠牲となる型式不明のソ連戦闘機1機を撃墜した。3日後、ミルは数分間でIℓ-2を2機仕留め、13日にはまたソ連機を1機スコアに加えた。彼の経歴がハイライトに達したのは8月16日で、敵機5機を撃墜するという、ルーマニア戦闘機パイロットとして空前の記録を建てたのだった。

この日、15回にわたる空戦で、ARR戦闘機によって敵機22機撃墜が確認され、ほかに5機が未確認となった。ミルの成績はIℓ-2が3機、"B-8"（恐らくA-20「ボストン」爆撃機）が2機だった。2日後にはソ連機1機、その24時間後には戦闘機1機を撃墜した。実は、この後者との戦いがエースの経歴に終止符を打ちかけたのだ。

1400時、ミルと僚機ヴァシレ・フィル伍長はもう一組のBf109Gペアとともに、ドゥブロフカ地区でHs129隊と合流した。前線を越えてすぐ、ヤク4機が上空から彼らに飛びかかってきた。それに続いた格闘戦で、ミルはヤクを1機撃ち落すことができたが、そこへLaGGが8機、戦いに加わった。ルーマニア人たちは3対1の劣勢に立たされ、ペア同士が離れてしまい、あとから来たラグにはミルとフィルだけで対戦する羽目になった。フィルのメッサーシュミットはラグに取り囲まれて数弾を浴びた。僚機の苦境を見て、ミルは救援に駆けつけたが、これで背後ががら空きとなり、1機のソ連機の接近を許してしまった。ミルが頭をひねって後ろを見ると、そのラグのカウリングは目立つ白色に塗られ、胴体には大きく花の絵が描いてあった。敵は彼の真ろから射撃してきた。ミルはかろうじて攻撃者――恐らくはソ連空軍のエース――から逃れ、被弾した戦闘機で友軍占領地内に胴体着陸することができた。

ミルは薄暗くなってからクラマトルスカヤに戻ったが、そのときはもう行方不明者として処理されていた。それでもドイツ軍士官の手から、枢軸側の大義への抜群の貢献に対して、人もうらやむ1級鉄十字章を贈られるのに、ちょうど間に合った。

イオアン・ミルは1943年初秋に前線に戻り、10月23日にはヤク戦闘機1機をアゾフ海に撃ち落した。2日後にはこの年最後のスコアをあげた。このベテランの勝利はこれで20を超え、ルーマニアのエースたちの中でもトップグループに入った。

10月末、第7戦闘航空群は兄弟部隊である第9戦闘航空群と交代してル

1944年夏、ドイツ軍パイロットとともに一服するルーマニア第3位のエース、イオアン・ミル3等准尉。ミルは当時42歳で、前線のルーマニア戦闘機パイロットのなかでは最長老だった。3級ミハイ勇敢公勲章、出撃記念黄金略章、1級鉄十字章、それにルーマニアの操縦徽章を佩用している。制服の袖にはARR飛行士を示す布記章と階級を表す筋が見える。制服の生地があまり上等といえないところに注目。

ドイツ空軍からARRが受領したばかりのBf109G-6のコクピットに座ったイオアン・ミル。身体こそ小さかったが、エネルギッシュで攻撃精神旺盛なミルは戦争全期にわたって500回以上も出撃し、52勝利をあげてARR第3位のエースとなった。製造工場を示す記号の最初の文字がコクピット・キャノピーの後ろに見える。

ーマニアに帰還し、ミルも1944年まで敵と銃火を交えることはなかった。

　1944年に入ってからのミルの最初の犠牲者は、当時の記録によれば"新型"のソ連爆撃機――やがて武器貸与法によるダグラス・ボストン双発機と判明――で、4月15日にフルラウ付近の地上に激突させている。2機目は"Iℓ-7"戦闘機だったと伝えられ、2日後にヤーシとトグ・フルモスのあいだに撃ち落した。4月28日にはモルダビアの首都ヤーシの北方でYak-7を1機、撃墜を申告し、5月24日にはブハエスティ＝ロマン駅の北東でDB-3爆撃機を撃墜、30番目の戦果とした。5月30日にはP-39を1機、トグ・スクレニ付近に撃ち落して、この月を締めくくった。

　ミルのアメリカ機に対する初の勝利は1944年6月11日に到来した。この日、B-17の1編隊がP-51に護衛されて、ソ連からの帰路にルーマニアの空を通った。13機のBf109Gが緊急発進し、フォクシャニ上空7000mでアメリカ機を迎撃、乱戦のなかで第9戦闘航空群は5機の「空の要塞」を撃墜したが、そのうち1機はミルによるものだった。彼の次の獲物はエースであるトライアン・ドゥルジャンを僚機として得たもので、6月20日に南ベッサラビア上空でソ連軍Pe-2偵察機1機を捕捉した。相手はオデッサ東方のソ連軍占領地内に墜落したが、独立した目撃証人がなく、ARRは公認しなかった。

　7月にはアメリカ機のルーマニア空襲が激しくなり、この月半ばにミルはもう1機の「空の要塞」を撃墜した。31日には初めてP-38「ライトニング」と対戦し、勝利を収めた。プロイエシュティ油田上空の格闘戦で、ミルはヴァレア・カルガレアスカの東に2機を墜落させ、スコアに加えた。

　日付の記入がないものの、たぶん1944年7月末に作成されたARRの記録のなかで、イオアン・ミルは430回出撃し、150回を超える戦闘で、敵機30機を撃墜、または地上で破壊している。またT-34戦車1両も炎上させている。

　イオアン・ミルは、次回のアメリカ戦闘機との対戦が自分の最後の戦いになることを知らなかった。8月8日、総勢18機のルーマニア軍Bf109Gがブザウを飛び立ち、ミジルからやってきた同数のドイツ空軍戦闘機と合流した。アレクサンドル・シェルバネスクの指揮するルーマニア部隊は、多数のP-51に守られて、ソ連からイタリア経由でイギリスに帰るアメリカ第8航空軍のB-17隊とぶつかった。敵編隊への2度目の突進で、ミルはP-51の1機に致命傷を与え、タンダレイの近くに墜落させた。

　52番目の撃墜のため弾丸を撃ち尽くしていたエースに、2機のマスタングが上空から飛びかかり、ミルのBf109Gは火を噴いた。脱出しなくてはならないのに、時速1000km近い猛スピードで轟音をあげて大地に向けて突っ込んでゆく損傷した飛行機の胴体の中で、彼は強い空気流に閉じ込められていた。メッサーシュミットが空中分解しはじめ、やがて急に横転したとき、やっとミルは自由の身になった。パラシュートはぎりぎり間に合って開いたが、それでも彼は相当激しく地面にぶつかり、さらに傷を負った。ルーマニアで最も

年を取ったエースは今やまったく活動不能となり、それから2カ月のあいだ、病院から出られなかった。

　ミルが回復したとき、彼の国の政治的・軍事的状況は劇的に変化していた。第1戦闘航空群のBf109G再装備に合わせて、彼は教員として飛行を再開し、2月半ばには同航空群とともに南スロヴァキアに展開した。だが、あまり重要でないこの前線に枢軸軍はほとんど活動を見せず、ミルはスコアを伸ばせなかった。

　1946年12月16日、ミルは再びルーマニアの最高勲章「剣付きミハイ勇敢公勲章3級」を、ミハイ国王自身から授与された。戦後、王制派ARR隊員への追放処分が行われたにもかかわらず、イオアン・ミルはなお数年、空軍にとどまった。1949年、ミル大尉は故郷の町にある再編IAR社のテスト・パイロットとなり、間もなく共産主義国空軍を去って市民生活に戻った。1980年、イオアン・ミルは生まれ故郷ブラショフで78歳で亡くなった。

■ダン・ヴァレンティン・ヴィザンティ
Dan Valentin Vizanty

　ダン・ヴァレンティン・ヴィザンティは1910年2月9日、北モルダビアのボートシャニで豊かな家庭に生まれた。両親は彼を芸術家にしたかったが、ヴィザンティは飛行士になるため19歳で航空士官学校に入学、2年後の1931年7月1日に卒業して少尉となった。そしてポテーズ25など複葉偵察機乗員の資格を得たが、ヴィザンティは戦闘機部隊への転属を希望し、1936年10月16日、中尉に進級して、ブカレスト=ピペラ飛行場を基地とする戦闘機艦隊に配属された。

　PZL P.11戦闘機をすみやかにマスターしたところで、ヴィザンティは小隊長となり、やがて第3戦闘航空群第42戦闘飛行隊の隊長代理に指名された。1939年10月25日の航空群の組織変えで、第41戦闘飛行隊は第43戦闘飛行隊となり、ヴィザンティがその指揮官となった。

　ルーマニアが参戦したとき、この部隊はまだ時代遅れのP.11を装備していたが、ブコビナのスチャヴァに近いボサンチ飛行場から、ソ連支配下にあるベッサラビア上空に出撃を開始した。ヴィザンティが初めて戦闘を経験したのは7月4日で、4機の小隊がプルート川の東にあるファルチウ付近で敵軍砲兵陣地に爆撃と機銃掃射を加え、満足すべき戦果を収めた。飛行隊はソ連戦闘機ともときたま戦っていたが、ヴィザンティが初めて敵機を撃ったのは9月17日だった。この日、飛行隊はタタルカ地区で5機のI-16を確実に、1機を不確実に、さらに爆撃機を1機撃墜したと報告し、味方に損失はなかった。ヴィザンティはI-16と型式不詳のソ連爆撃機、それぞれ1機の撃墜を認められた。

　戦いが終わったとき、ヴィザンティは出撃51回を重ね、飛行隊全体の勝利22のうち3を認められて、2級航空有功章と2級鉄十字章を授与された。飛

1944年7月、いま終わったばかりのアメリカ戦闘機との戦いを説明するイオアン・ミル3等准尉（左）。聞き入るのは左から、氏名不詳の陸軍少尉、ルーマニア第1航空軍団司令官エマノイル・"ピピッツ"・イオネスク大将（鉄十字章を佩用）、空相ゲオルゲ・ジエネスク大将（一部隠れている）、コンスタンティン・カンタクジノ予備大尉。

1944年6月10日、アメリカ陸軍第71戦闘飛行隊のP-38Jとの低空の格闘戦から帰還して間もないダン・ヴィザンティ大尉。この日、第6戦闘航空群が撃墜を申告したライトニング23機のうち、2機は彼が仕留めたものだった。後ろは彼の乗機、IAR81C「白の344」。

より高性能のBf109Gに機種転換したのち、35歳のダン・ヴィザンティ大尉は1945年2月、第1戦闘航空群司令として実戦に復帰した。だが戦争は最終段階に入っていて敵との対戦はなく、「グスタフ」でスコアを伸ばすことはできなかった。しかし、撃墜したとされるアメリカの4発爆撃機が12機という記録的数字は、彼をARR第4位のエースにまで高め、また少なくとも43という勝利により、IAR80/81パイロットのうち最多撃墜者とされている。

行隊はルーマニアに戻ってガラツィを基地とした。間もなく、ヴィザンティはARR司令部で参謀勤務を命じられたが、1年後には第6戦闘航空群司令となって第一線に戻った。この航空群はルーマニア製IAR81C戦闘機の最新型を装備し、ブカレストの近くのポペスティ＝レオルデニ飛行場に駐屯した。その目的は、1943年8月1日にプロイエシュティ油田を目標に「津波」作戦を実行したアメリカ陸軍航空隊から、首都を防衛することにあった。

新たな敵との戦いが始まったのは1944年4月4日。350機のB-17とB-24が、少数のP-38を護衛に伴って、ブカレストの操車場を爆撃した。ARRとドイツ空軍のBf109Gが護衛隊を爆撃機から引き離したあと、IAR81部隊は心おきなく重爆を攻撃することができた。最後のアメリカ機がドナウ川の南に去ったとき、第6戦闘航空群は爆撃機16機の撃墜を報告し、損失はわずか1機だった。ヴィザンティも撃墜者のひとりだったが、乗機のエンジンを爆撃機の防御銃火に撃たれ、胴体着陸をやむなくされた。

アメリカ軍爆撃機は翌日、プロイエシュティ油田攻撃のため再び襲来し、航空群は14機撃墜、2機不確実撃墜を報告、今度は損失はなかった。ヴィザンティ司令も再び勝者のひとりとなり、ブカレスト地区に「リベレーター」を1機撃墜したと伝えられる。6月6日、プロイエシュティは再び襲われ、航空群が迎撃したが、ルーマニア側の戦果はヴィザンティがみずから撃墜したB-17 1機にとどまった。

アメリカの侵入者たちとの遭遇はなおも続き、6月10日にピークに達した。IAR81隊はポペスティ＝レオルデニを緊急発進し、プロイエシュティへ向かうP-38Jの編隊に奇襲をかけた。低空で格闘戦となり、ルーマニア人たちは実に23機もの「ライトニング」の撃墜を報告、損失はIAR81が4機だった。ヴィザンティは3機のP-38撃墜を報告し、うち2機が公認された。彼の乗機「白の344」は損傷を受けたものの、帰還できた。

アメリカ機と最後に遭遇した1944年7月3日までに、第6戦闘航空群のパイロットたちは敵機撃墜確実87機を報告し、さらに不確実が10機あった。だがルーマニア人も13名が戦死していた。この大きな損失により、7月初旬、すべてのIAR80/81部隊はアメリカ機との戦いから引っ込められ、航空群はもっと性能の優れたBf109G-6へと機種転換を開始した。しかし、その訓練はルーマニアが180度の方向転換をした1944年8月23日までには完了しなかった。

6カ月後の1945年2月、航空群——今では第1戦闘航空群に統合されたが、依然ダン・ヴィザンティが指揮を執っていた——は実戦に復帰し、急速に移動している前線にスロヴァキアで追いついた。このころにはもうドイツ機の姿を見ることはまれで、空戦もなく、35歳のヴィザンティ少佐がスコアを増やす機会はなかった。それでもなお、4発爆撃機12機を含むと伝えられた彼の最終スコアは43勝利に達し、PZL P.11やIAR80/81といった旧式機で戦ったパイロットにしては、まことに傑出した戦績だった。

ヴィザンティは数々の叙勲に輝いたが、そのなかには人もうらやむ3級ミハイ勇敢公勲章もあった。彼はルーマニア国産戦闘機で戦ってこの勲章を受けた、わずか3名の存命パイロットのひとりであり、アメリカ軍と戦ったことのあるパイロットでは唯一の受章者となった。

ルーマニアの新たな支配者となった共産主義者たちは、ヴィザンティの業績を違う目で見た。その結果、1948年8月、将校任官17年、飛行4600時間の彼は空軍から強制的に退役させられた。ヴィザンティは王制支持者であ

り、信用できぬ反動的な人物とされ、"社会的秩序に対して陰謀を企てた"かどで、5年にわたり投獄された。釈放後も、入獄歴のため職につくのが難しく、やむなく鉄屑集めやトラックへの荷の積み下ろし、クレーンの運転など、肉体労働を転々とした。

1977年、退職して間もなく、ヴィザンティはルーマニアを逃れてフランスに亡命し、その地で彼はついに、母国では否定された理解と尊敬を獲得した。5度結婚し、数人の子どもがいる。ルーマニア第4位のエースで、4発爆撃機の最多撃墜者、ダン・ヴァレンティン・ヴィザンティは1992年11月2日、82歳でパリで死去した。

付録
appendices

付録A
ルーマニアの戦果算定システム

1944年2月、ARRは敵機に対する勝利をパイロットに認める際の算定法につき、新しく独特なシステムを採用した。これは空中で撃墜した飛行機だけでなく、地上で破壊した機体にも適用された。その結果、破壊した飛行機1機につき、次のようなシステムに基づいて、1もしくはそれ以上の「勝利点」が与えられた——単発機は1、双発もしくは3発機は2、4発もしくは6発機は3。これは破壊申告が後刻、公式に確認されようと、されまいと無関係だった。

このシステムの導入に伴い、個人スコアもさかのぼって計算し直され、このためさらに混乱が生ずることも多かった。例えば、B-17「空の要塞」［4発機］1機とP-38「ライトニング」双発戦闘機1機を撃墜したパイロット——第6戦闘航空群のペトレ・コンスタンティネスク大尉など——は、即座に5勝利のエースとなった。その一方、空中で単発戦闘機4機を撃墜したパイロット——例えば第8戦闘航空群のステファン・アレクサンドレスク中尉——は、この独特のARR算定システムのもとでも依然エースとは考えられないのだった！

同じ目標を複数の戦闘機パイロットが攻撃し、誰が撃墜したのか明確にできないときは、分隊、小隊、あるいは飛行隊の参加者ひとりひとりに1勝利点が与えられた。ただし飛行隊としての合計勝利点は1増えるだけだった（フランスの戦争初期のやり方と同じ）。だがこうしたケースは至ってまれで、パイロットたちは公式報告を提出する前に自分たちのあいだで問題を解決した。こうした報告の大部分は1941年の戦いのときに起きていた。

本書の付録Bに掲げたリストはARR方式の勝利報告に基づいて作られたものである。勝利数が同じ場合は破壊した飛行機の合計機数を考慮して決めた。

西側の基準に照らせば、空戦で5機以上の飛行機を確実に撃墜したという、通常のエースの尺度に合致するパイロットが実際には59名に過ぎないことは注意に値する。

ルーマニアの戦闘機パイロットは空中で、また地上で、ソ連機、アメリカ機、ドイツ機合計およそ1200機を破壊したと報告した（飛行機の防御射手、あるいは対空砲火射手からの報告は計算に入っていない）。これはルーマニア独特の戦果算定システムでは、推定で合計1800 ARR勝利にのぼる。エースとなった126名は少なくとも1522勝利を報告し、これは勝利報告総計の85パーセントにあたる。その代償に、100名を超える「ヴナトリ」が戦死を遂げた。

付録Bは、ARRシステムのもとで少なくとも5勝利をあげたルーマニア戦闘機パイロットたちの包括的な登録簿を作成しようとする、初めての真摯かつ徹底的な試みである。ただ完全な記録文書が残っていないこと、個々の撃墜報告の多様性、スコア算定システムの複雑さなど、いくつかの理由で、これが真に決定的なものと考えるわけには行かない。

公式なエースのリストは存在しないので、この表は個人の報告をもとに編集せざるを得ず、従って不完全の憾みは残る。とはいえ、ARR戦闘機パイロットたちが提出した戦果報告のうち推定95パーセントは発見され、コンピュータ処理された事実から、これはかなり正確なものと著者は考える。

このエース・リストは主として以下の3種の公式資料に基づいている。重要な順に、まず陸軍および空軍の日々の命令書で、申告された勝利はこの中で公式に確認される。次に、さまざまな戦闘機部隊の戦闘日誌。3番目はMonitorul Oficial、すなわち、ルーマニア政府官報。さらに一部は、さまざまなパイロットの航空日誌、日記、それに戦後になってからの回想からも情報を収集した。

付録B
ルーマニア王国空軍(ARR)エース 1941－1945

氏名	階級(最終勝利時)	部隊	確実撃墜	不確実撃墜	地上破壊	総破壊機数	ARR方式勝利数
コンスタンティン・カンタクジノ	予備大尉	5,7,9	42+1*	11	-	53+1*	69
備考：ARR全体のトップ・エース。予備戦闘機パイロット中最年長(1945年に40歳)。枢軸機に対して7勝利。出撃608回。空戦210回。通常型のBf109Gで夜間出撃28回。前線に45回の輸送飛行。1948年1月13日に西側に亡命。							
アレクサンドル・シェルバネスク	大尉	7,9	44	8	-	52	55
備考：連合軍機に対するARRトップ・エース。出撃590回。空戦235回。1944年8月18日戦死。32歳。							
イオアン・ミル	3等准尉	1,7,9	33	3+1*	1	37+1*	52
備考：ARR最年長の現役戦闘機パイロット(1945年に43歳)。1944年7月末までに430回出撃、150回の空戦に参加。1945年5月には出撃500回を超える。2度撃墜され負傷。T-34戦車の破壊も公認。							
ダン・ヴァレンティン・ヴィザンティ	大尉	1,3,6	15+1*	?	-	15+1*	43+
備考：1941年に51回出撃。記録がなく、最終スコアは第二次資料に基づくが、ずっと少ない可能性がある。IAR80/81でアメリカ4発爆撃機12機を撃墜と伝えられる。1945年に35歳。姓はVizante(ヴィザンテ)とも綴られる。1977年に西側に亡命。							
コンスタンティン・ロザリウ	中尉	7	14	2	4	20	33
備考：1942年から43年にかけ、スターリングラードで20回出撃。枢軸に対して8勝利。情報は航空日誌から。							
クリスティア・キルヴァスツア	伍長	7,9	18	4	-	22	31
備考：下士官中のトップ・エース。1945年に30歳。							
イオアン・マガ	3等准尉	5,7,8	15	5	-	20	29
備考：1941年に100回を超える出撃。総出撃約200回で、50回を超える空戦に参加。							
イオアン・ムチェニカ	軍曹	7,9	21+1*	2	-	23+1*	27
備考：450回出撃し、150回の空戦に参加したが、1944年7月26日に重い戦傷を負う。							
ヴァシレ・ガヴリリウ	中尉	9	14	2	4+1*	20+1*	27
備考：出撃306回、空戦65回。戦闘での損傷により不時着3回。対枢軸機12勝利はARRで最多だが、多くは輸送機の地上撃破。パイロット歴13年間に26種の飛行機で飛ぶ。							

録付

氏名	階級（最終勝利時）	部隊	確実撃墜	不確実撃墜	地上破壊	総破壊機数	ARR方式勝利数
テオドル・グレチェアヌ	中尉	7,9	18	5	1	24	24+
備考：出撃347回、空戦100回以上。情報は航空日誌から。1944年6月23日に戦闘で重傷、以後アメリカ機と戦わず。							
コンスタンティン・ルンクレスク†	予備伍長	7,9	17+1*	2	-	19+1*	24+
備考：出撃376回、空戦96回。1944年6月24日戦死。							
イオアン・ディ・チェザレ	予備中尉	7	16	3	?	19+	23+
備考：1943年8月遅くまでに210回出撃。1941年に地上攻撃で1有効15回。ただし地上攻撃で公認されたものはなし。姓はDicezareとも綴る。							
ドゥミトル・イリエ	軍曹	6,8	9	3	2	14	22
備考：1941年に出撃104回、地上掃射出撃8回。1942年、スターリングラードで戦闘機として19回。急降下爆撃に4回出撃。1944年6月23日に戦闘で重傷、以後実戦に参加せず。勝利はすべてIAR80/81で記録。							
イオアン・マラチネスク	予備伍長	7,9	16	3	-	19	21+
備考：1941年に63回出撃。1944年12月13日に空中事故で負傷、以後実戦に参加せず。							
ゲオルゲ・ポペスク＝チオカネル†	大尉	9	13	1	-	14	19
備考：1941年は短距離偵察パイロットとして勤務。出撃200回以上、空戦40回以上。1944年7月26日、炎上撃墜されて大火傷を負い、8月12日、病院で死亡。							
ダン・スクルトゥ	大尉	7	9	3	2	14	19+
備考：出撃256回、空戦84回。掃射出撃14回、急降下爆撃8回。							
テオドル・ザバヴァ	伍長	8および地上攻撃	10+1*	3	4	17+1*	18+
備考：1942年10月末までに118回出撃。1943年5月、Hs 129装備の地上攻撃航空群に転属し、最後のスコア4機をあげる。1944年1月27日に空中事故死。							
アンドレイ・ラドゥレスク	曹長	5,9	10	4	-	14	18
備考：1944年7月26日、戦闘で重傷、以後実戦に不参加。							
ティベリウ・ヴィンカ†	予備兵長	7,9	12+1*	3	1	16+1*	17+
備考：出撃248回。1944年3月12日、He111の射手に誤って撃たれ死亡。							
トライアン・ドゥルジャン†	兵長	9	11	1*	-	11+1*	17+
備考：1945年2月25日、176回目の出撃でドイツ軍に撃墜され戦死。空戦で死んだ最後のARRエース。							

86

氏名	階級（最終勝利時）	部隊	確実撃墜	不確実撃墜	地上破壊	総破壊機数	ARR方式勝利数
ミハイ・ブラト 備考：1941年に35回出撃。	少尉	4,6	4+5*	-	-	4+5*	17
イオアン・ニコラ 備考：1944年9月16日、空中事故で負傷。	予備伍長	1,3,6	6+4*	-	-	6+4*	16
イオン・ドブラン 備考：出撃340回、空戦74回、被撃墜3回。	中尉	9	9	3	1	13	15
ミハイ・ミホルテア 備考：-	軍曹	4	9	1*	-	9+1*	15
ステファン・ドゥミトレスク 備考：1941年に77回出撃。	軍曹	3,6	6	2	-	8	15
アウレル・ディアコネア 備考：1944年9月23日戦場。以後実戦に不参加。被撃墜および事故遭遇9回。43種の飛行機を体験。姓はもとcziifraで、のちにルーマニア風にTifrealに改めた。	伍長	1	4	1	1	6	15
ゲオルゲ・スタニカ† 備考：1944年5月18日戦死。	大尉	2	3	2	-	5	15
エウジェン・ブルガ 備考：-	伍長	3,4	3+6*	1*	-	3+7*	15
エルンスト・シュプレンゲル 備考：1944年2月、ドイツ空軍から連絡系として第9戦闘航空群に配属。たびたびルーマニア軍のBf109Gでルーマニア人戦友とともに出撃。ルーマニア軍公式戦果表にスコアの記載あり。1944年7月末までに120回出撃。第52戦闘航空団第6、8、11中隊に勤務。総撃墜数117機。	軍曹（ドイツ空軍）	9	11	-	1	12	14+
エウゲニエ（エウジェン）・カメンチアヌ† 備考：1941年に73回出撃。1942年10月5日、空中事故で死亡。	兵長	5	7	3	-	10	14+
コンスタンティン・ポペスク 備考：-	伍長	1,6	7	1	-	8	14+

氏名	階級(最終勝利時)	部隊	確実撃墜	不確実撃墜	地上破壊	総破壊機数	ARR方式勝利数
ペトレ・コジョカル 備考：1941年に60回出撃。	伍長	2	3+1*	1	-	4+1*	14
ドゥミトル・テラ 備考：*は無許可で行った敵飛行場銃撃によるもので、2勝利は報告されず、戦闘報告にも不記載。	兵長	1,6	4+1*	-	2*	4+1*[+2*]	13[+3*]
イオシフ・モラル 備考：-	予備兵長	7,9	7	4	1	12	13+
イオアン・ミク 備考：1941年に112回出撃、掃射飛行5回。わずか10回の空戦で8機を撃墜。	大尉	8,9	7+1*	1	3	11+1*	13
ミルチェア・ドゥミトレスク 備考：行方不明4回、そのつど帰還。	中尉	3,6	6+2*	1+1*	-	7+3*	13
ホリア・アガリチ 備考：-	大尉	5,7	6	2	-	8	13
ルチアン・トマ† 備考：1941年に86回出撃、飛行112時間。1944年9月25日戦死。	大尉	5,7,9	7	-	-	7	13+
ハリトン・ドゥセスク 備考：1944年7月下旬までに360回出撃、空戦60回以上。空戦で9度被弾。	中尉	7,9	9	1	1	11	12
ゲオルゲ・ドゥトゥイアス 備考：-	伍長	8	8	2	-	10	12+
イオン・ガレア 備考：すべて記憶による。	中尉	5,9	5	2	-	7	12+
ゲオルゲ・クリステア† 備考：1944年5月18日戦死。	少尉	1	3+1*	-	-	3+1*	12
イオアン・ブルラデアヌ† 備考：1941年に74回出撃。1944年5月31日戦死。	中尉	1	2+1*	1	-	3+1*	12

氏名	階級(最終勝利時)	部隊	確実撃墜	不確実撃墜	地上破壊	総破壊機数	ARR方式勝利数
ニコラエ・ポリズ†	予備中尉	7	10	-	-	10	11
備考：97回出撃、空戦45回。1943年5月6日(あるいは2日)戦死。							
ステファン・グレチェエアヌ	予備兵長	7	7	3	-	10	11
備考：1941年に78回出撃。							
イオアン・パナイチ†	軍曹	7,9	8	1	-	9	11
備考：1942年10月7日、対空砲火で負傷するまでに92回出撃、104時間飛行。1943年初めに戦線復帰、1944年8月10日戦死。							
コンスタンティン・ウルザサ	伍長	5,7,9	8	1	-	9	11
備考：スターリングラード戦線で33回出撃、空戦5回。姓はUrsachiとも綴る。							
フロリアン・ブレシウタ†	中尉	8	5	1	2	8	11+
備考：1942年9月18日、トゥーノフ飛行場でソ連機の爆撃により負傷、翌日死亡したが、それまでに113回出撃。1941年の戦いでは104回出撃、掃射出撃8回と、最も働いた戦闘機パイロットのひとり。9度の空戦で5機を撃墜。							
クリストウ・I・クリストウ	中尉	3,4	4+4*	-	-	4+4*	11
備考：-							
ステファン・オクタヴィアン・チウタク	少尉	7,9	5	-	1	6	11
備考：記憶から情報を補強。							
ニコラエ・マクリ	伍長	3,4	5	-	-	5	11
備考：-							
イオアン・イヴァンチョヴィチ†	中尉	3,4	2+3*	2	-	4+3*	11
備考：1941年に76回出撃。1944年9月25日戦死。							
ニコラエ・ブルレアス	曹長	7	8	1	1	10	10+
備考：1941年に70回出撃。1945年には36歳。32年間のパイロット生活で50種の飛行機を飛ぶ。							
リヴィウ・ムレシャン†	少尉	7	7	2	-	9	10
備考：1942年から43年にかけ、スターリングラード上空へ出撃30回、空戦2回。1943年10月10日戦死。							

付録

90

氏名	階級（最終勝利時）	部隊	確実撃墜	不確実撃墜	地上破壊	総破壊機数	ARR方式勝利数
ラウレンティウ・カタナ	伍長	7	7	-	1	8	10
備考：1943年6月26日、ソ連軍スピットファイアと衝突し、捕虜。ソ連で7年間入獄後、帰国。							
エミル・バラン†	兵長	9	5	2	-	7	10
備考：1944年7月26日戦死。							
イオアン・ディマケ	伍長	3,6	6+1*	-	-	6+1*	10
備考：-							
ミルチェア・マジル	兵長	3,7	2+2*	3	-	5+2*	10+
備考：1941年に80回出撃。							
コンスタンティン・ディマケ†	伍長	4,6	4+3*	-	-	4+3*	10
備考：1944年6月23日戦死。							
ドゥミトル・バチウ	中尉	1,6	4+1**	1+1*	1^	5+1*+1^	10(+3)
備考：^は敵飛行場への無許可の銃撃行。戦果は申告されず、戦闘報告にも不記載。**は1945年5月4日に撃墜したヤクで、非公認。1948年8月、Po-2で郵便配達中に強盗に襲われ負傷、6カ月後に病院で死亡。							
ゲオルゲ・ハバイアス†	軍曹	4,7	7	2	-	9	9
備考：1944年7月15日戦死。							
フロリアン・ブドゥ	兵長	6,8	7	-	2	9	9
備考：1941年に85回出撃。1944年5月31日戦死。							
バルシファル・ステファネスク†	中尉	5,8	7	-	-	7	9
備考：1941年に58回出撃。1944年6月28日戦死。							
ペトレ・コルデスク	兵長	5	6	-	-	6	9
備考：1941年に41回出撃。スコアも1941年中のみ。1944年8月29日、バリケーンでトルコに逃亡。							
アレクサンドル・モルドヴェアヌ	伍長	7	4	2	-	6	9
備考：1941年に51回出撃。							

氏名	階級(最終勝利時)	部隊	確実撃墜	不確実撃墜	地上破壊	総破壊機数	ARR方式勝利数
ミルチェア・センケア	中尉	9	3	3	-	6	9
備考：-							
ゲオルゲ・ブラシノボル†	曹長	1	3	-	-	3	9
備考：1944年6月28日、戦闘で重傷、翌日死亡。							
コンスタンティン・ハルシャ	少尉	戦闘機学校	2	1	-	3	9
備考：ブラショヨ戦闘機学校。第44戦闘飛行隊で出撃40回。							
コンスタンティン・ジェオルジェスク	大尉	1	2	1	-	3	9
備考：-							
ヘレン・ミハイレスク†	少尉	1	2	1	-	3	9
備考：1944年9月23日戦死。							
ゲオルゲ・モチオルニツァ†	少尉	1,2	2	1	-	3	9
備考：1945年4月21日、地上から撃たれ戦死。ARRエース最後の戦死者。							
ジェアン(イオアン)・サンドル	少尉	7	2	1	-	3	9
備考：-							
イオアン・サンドゥ†	中佐	1	2	1	-	3	9
備考：1944年6月23日戦死。ARRパイロット中最高位の戦死者。							
バナイト・グリゴレ†	少尉	1	1	2	-	3	9
備考：1944年5月5日、空中事故で死亡。							
コンスタンティン・ニコアラ	伍長	7,9	5	2	-	7	8
備考：1945年4月1日、スロヴァキアで大戦最後のARRの勝利を報告(Bf109K)。							
ゲオルゲ・コチェバス	伍長	6,8	6	-	-	6	8
備考：1941年に61回出撃、1944年6月23日に戦闘で重傷、以後実戦に不参加。							

氏名	階級(最終勝利時)	部隊	確実撃墜	不確実撃墜	地上破壊	総破壊機数	ARR方式勝利数
エミル・ジェオルジェスク 備考：1941年に50回出撃。スコアも1941年中のみ。	大尉	5	4	1	-	5	8
ステファン・プカス 備考：1941年に66回出撃。1943年5月以降Hs 129地上攻撃機パイロット。	曹長	8および地上攻撃	4	1	-	5	8
イオアン・マリンチウ 備考：1944年12月23日戦傷、以後実戦に不参加。	伍長	7,9	4	-	-	4	8
ゲオルゲ・アレクサンドル・グレク 備考：公認された戦果はすべて枢軸機が相手。ルーマニア軍Hs 129B(逃亡機)を含む。	伍長	2,4	3	1*	-	3+1*	8
カロル・アナスタセスク 備考：-	中尉	6	2	1	-	3	8
ヴァシレ・フォルトゥ† 備考：1941年に出撃101回、空戦11回。1942年9月4日空中事故死。	少尉	8	4	2	1	7	7+
イオアン・フロレア 備考：スコアのうち1機(I-16)は1941年8月28日。ARRでは極めて珍しい体当たりによる。	中尉	3,7	5	-	-	5	7
コンスタンティン・ポムッツ 備考：1941年に59回出撃。1944年1月10日戦死。	予備兵長	5,7	4	1	-	5	7
ヴァシレ・ミリラ 備考：1941年に39回出撃。	曹長	1,8	3	-	1	4	7
アウレル・ヴラダレスク 備考：姓はVlădărescuと記載されている例も。	伍長	6	3	-	-	3	7
ティトゥス・ゲオルゲ・イオネスク† 備考：1941年に73回出撃。1944年9月29日戦死。	中尉	3,4	2	1	-	3	7

氏名	階級(最終勝利時)	部隊	確実撃墜	不確実撃墜	地上破壊	総破壊機数	ARR方式勝利数
エリゲ・リカルド・セレイ	予備少尉	8	5	-	-	6	6
備考：1941年に57回出撃。1942年5月28日、空中事故で負傷、以後実戦に参加せず。							
イオアン・ヴォニカ†	少尉	8	5	-	1	6	6
備考：1941年8月27日に空戦で負傷したが、それまでに41回出撃、空戦5回。10日後に病院で死亡。エース最初の戦死者。							
ラドゥ・ライネク	予備中尉	8	5+1*	-	-	5+1*	6
備考：-							
コンスタンティン・ポペスク	兵長	5	5	-	-	5	6
備考：1941年に56回出撃。							
ルリウ・アンカ	少尉	8	4	1	-	5	6
備考：-							
パヴェル・ツルカス†	伍長	9	4	-	1	5	6
備考：1944年7月26日戦死。							
ニコラエ・ナギルネアヌ	中尉	7,9	2	2	-	4	6
備考：1942年から43年にかけ、スターリングラードで出撃25回、空戦5回。							
イオシフ・キウフレスク†	予備兵長	3	1+3*	1	-	2+3*	6
備考：1944年9月16日戦死。							
ドゥミトル・ニクレスク†	兵長	3	2+3*	-	-	2+3*	6
備考：スコアをあげたのは1941年中のみ。1944年12月24日戦死。							
ステファン・フロレスク	中尉	1,5	3	-	-	3	6+
備考：連合軍に対する最後の撃墜者(1944年8月24日、ソ連Pe-2)。							
エヴジェン・タフラン	伍長	4,7	2	1	-	3	6
備考：1945年4月2日、対空砲火で負傷、以後実戦に参加せず。							
ヴィルジル・アンジェレスク	兵長	1	2	-	-	2	6
備考：-							

氏名	階級(最終勝利時)	部隊	確実撃墜	不確実撃墜	地上破壊	総破壊機数	ARR方式勝利数
パヴェル・ブクシャ 備考：1944年5月7日戦傷。以後実戦に参加せず。	少尉	6	2	-	-	2	6
ヴァシレ・イオニツァ 備考：-	伍長	4	1	1	-	2	6
ミルチェア・テオドレスク 備考：-	中尉	1	1	1	-	2	6
ゲオルゲ・グラン 備考：アメリカ機に対して出撃36回、空戦18回。IAR81で戦い、損傷を受けて不時着あるいは帰還7回。乗機には地上勝利マーク3個が見えるが、勝利の公式記録は未発見。	少尉	1	1+1*	-	?	1+1*	6+
アンドレイ・マルレリス 備考：-	伍長	1	1+1*	-	-	1+1*	6
ペトレ・スクルトゥト 備考：1944年5月31日戦死。	少尉	8	2*	-	-	2*	6
ヴィンティラ・ブラディアヌ 備考：1942年末までに109回出撃。1947年5月19日、西側に亡命。	予備少尉	7	5	-	-	5	5+
ミハイ・ペルチン 備考：スコアは記憶による。1943年3月以降Ju87Dのパイロットに。	伍長	6	4+1*	-	-	4+1*	5+
フロレア・イオルダケナ 備考：1943年9月14日戦死。	伍長	7	4	1	-	5	5
イオアン・ミハイレスクナ 備考：1942年9月18日、トゥーゾフ飛行場で ソ連機の爆撃により戦傷、翌日死亡。それまでに106回出撃。	少尉	8	4	1	-	5	5
エミル・ドロク 備考：IAR社のテストパイロット。1942年遅く、一度だけスターリングラード戦線に配属され、42回出撃。当時39歳。パイロット生活26年間に59種の飛行機に搭乗(飛行4120時間、着陸10,290回)。	大尉	6	3	2	-	5	5

氏名	階級（最終勝利時）	部隊	確実撃墜	不確実撃墜	地上破壊	総破壊機数	ARR方式勝利数
コスティン・ミロン	兵長	7,9	3	2	-	5	5
備考：-							
ロメオ・ネアクス	兵長	3,7	3	2	-	5	5
備考：2500時間飛行し、18機を撃墜したと個人的に主張しているが、公式には確認されていない。1947年、旅客機を乗っ取り亡命。							
イオアン・ポクシャン	中尉	7	3	-	2+	5+	5+
備考：-							
マリン・ギカ †	大尉	5	3	-	2	5	5+
備考：1941年に出撃65回、空戦15回。1943年8月1日戦死。ある資料によれば、ギカが最後の出撃で攻撃したB-24Dはやがて墜落したというが、目撃証人がなく、最終スコアには含まれていない。							
イオアン・ジミオネスク	予備中尉	7,9	4	?	-	4+	5+
備考：1944年7月遅くまでに320回出撃。							
アレクサンドル・エコノム †	伍長	7,9	3	1	-	4	5
備考：1944年7月26日戦死。							
ニコラエ・スクレイ・ロゴティ	軍曹	5,8	3	1	-	4	5
備考：1941年に29回出撃。							
ニコラエ・イオル	曹長	7	3	-	1	4	5
備考：1941年に70回出撃。							
ゲオルゲ・ピソスキ †	伍長	6	2+1*	1	-	3+1*	5
備考：1942年11月24日戦死。							
ドゥミトル・エンチオエ	伍長	9	3	-	-	3	5
備考：1944年8月8日戦傷。以後実戦に参加せず。							
イオアン・ロセスク †	大尉	5	3	-	-	3	5
備考：1941年9月12日戦死。それまでに出撃6回、空戦3回。							

説明図装塗/カラー　録付

氏名	階級(最終勝利時)	部隊	確実撃墜	不確実撃墜	地上破壊	総破壊機数	ARR方式勝利数
ニコラエ・パトルス	中尉	7, 9	2	1	-	3	5
備考：1944年5月5日、空中事故で負傷。以後実戦に参加せず。							
ヴァシレ・パスク	予備兵長	8および地上攻撃	2	1*	-	2+1*	5
備考：225回出撃(うち戦闘機パイロットとして90回)。スコアには1942年6月12日、「ハルブコ」作戦参加のB-24Dをドイツ空軍パイロットと協同撃墜したものを含む。1943年5月以降はHs 129パイロット。1945年4月15日戦傷、以後飛行せず。							
クレメンテ・ムレシャン	中尉	2	2	-	-	2	5
備考：情報は記憶から。公式確認資料未発見。							
ペトレ・コンスタンティネスク	大尉	6	1	1	-	2	5
備考：-							
アレクサンドル・マノリウナ	大尉	7	1	-	4	5	5+
備考：1942年9月12日戦死。							

凡例

部隊欄の数字は所属した戦闘航空群の番号。

†一現役中の死亡(126名のエース中42名、すなわち3人にひとりが死亡)

*一協同撃墜。例えば「パトル」(4機小隊)による協同撃墜なら、4名のパイロットがそれぞれ同等の勝利を与えられた。
(止)

カラー塗装図　解説
colour plates

1
He112B 「黒の13」製造番号2044
1941年6月22日　フォクサニ北
第5戦闘航空群第51戦闘飛行隊　テオドル・モスク少尉
モスクは南ベッサラビアのソ連軍飛行場ブルガリカへの攻撃の際、撃墜2、不確実撃墜1を報告し、第二次大戦におけるARRの最初の空中勝利のひとつをあげたが、彼の勝利は結局これだけに終わった。スマートで運動性に優れていたが馬力不足気味のHe112で飛んだパイロットによる勝利は極めて少なかったのは、それはこの機種で装備した唯一の航空群が空中戦よりも地上支援を任務とさせられたためだった。飛行隊マークがウォルト・ディズニーの「プルート」であることに注目。

2
ハリケーンMk I 「黄色の3」1941年6月23日　ママイア
独立第53戦闘飛行隊　ホリア・アガリチ中尉
ソ連との戦争第2日目に3機のスコアをあげたのち、アガリチは同胞のあいだで生きた伝説となり、民族的英雄視されたが、撃墜公認5機、不確実2機(ルーマニアのスコア算定システムでは12勝利)という彼の最終スコアは、突然の名声を得はしたものの、彼がARRの上位エースの仲間には入らなかったことを示している。このハリケーンはイギリス空軍のもともとの迷彩を保ち、主翼下面は半分ずつ白と黒に塗りわけてある。プロペラ端は通常の黄色のほか、さらに2色の筋一たぶん赤と青一が塗り足されている。槍を抱えて馬にまたがったミッキー・マウスの飛行隊マーク(のちに同じマークがIAR80と、第7戦闘航空群第53戦闘飛行隊のBf109G-2/G-4にも使われた)と、ステンシル式のミハイ十字国籍マークに注意。ステンシル式国籍マークはハリケーンとHe111H-3 (主翼のみ)に使われ、ときにはブレニム、ポテーズ633、それにBf109Gの初期生産型にも描かれた。

3
P.11F 「白の102」 1941年7月　ベッサラビア
第3戦闘航空群第44戦闘飛行隊　ヴァシレ・コトイ兵長
1941年9月2日、コトイはこの機に搭乗し、南西ウクライナのフロイデンタール付近で6機のI-16と交戦、撃墜されて戦死した。それまでに彼は48回出撃し、撃墜公認3機、不確実1機のスコアをあげ、最後の勝利は彼自身が撃墜される直前に1機の「ラタ」に対して得たものだった。

4
ハリケーンMk I 「黄色の5」1941年7月　サルツ
第53戦闘飛行隊　アンドレイ・ラドゥレスク曹長
ラドゥレスクはソ連機7機を公認撃墜、さらに4機を撃墜不確実とし、ソ連との最初の戦いでルーマニアのトップ・エースとなった。これはARRの算定システムでは少なくとも14勝利に該当する。他のルーマニアのハリケーンすべてと同様、「黄色の5」もこの戦争初期の段階では、元のイギリス空軍迷彩を保っていた。胴体にはミハイ十字の国籍マークが描かれているが、主翼下面マークは1941年5月以前の古い「蛇の目」のままで、これは最近、主翼を交換したためかも知れない。

5
P.24P 「白の24」 1941年9月半ば　ブカレスト＝ピペラ
第6戦闘航空群第62戦闘飛行隊　コスティン・ポペスク兵長
ポペスクはスコア3機をあげて1941年のベッサラビアの戦いを生き抜き、P.24で最も成功したパイロットのひとりとなった。第6航空群が装備したこのポーランド製戦闘機は時代遅れの存在ながら、護衛機を伴わないソ連爆撃機やI-153などの旧式複葉機に対してはよく働いた。

6
He112B 「白の24」製造番号2055　1941年8月初め
コムラト南　第5戦闘航空群第52戦闘飛行隊
ARRの1941年の戦いで第8位のスコアをあげたイオアン・マガ3等准尉は1941年8月1日、イェレメイェフカで、このHe112によりソ連戦闘機1機(「セヴァスキー」と報告されたが、MiG-3のほうが可能性大)を撃墜し、その総計29勝利のスタートを切った。「白の24」はこの戦いを生き残ったが、直後に事故で失われた。

7
P.11F 「白の122」1941年9月遅く　オデッサ
第3戦闘航空群　クリストゥ・I・クリストゥ予備少尉
1941年の戦いで、クリストゥは撃墜3機、協同撃墜4機を公認された。この機体はオーバーホールののち、上面ダークグリーン、下面ライトブルーの標準的ルーマニア軍用機塗装に塗り替えられた。1943年8月1日、クリストゥはIAR80Cで、「津波」作戦でプロイエシュティ油田に襲来したB-24リベレーターを1機撃墜している。最終スコアは11勝利。

8
IAR80 「白の42」 1941年8月　ベッサラビア
第8戦闘航空群
1941年の戦いで13もの勝利をあげたIAR80パイロットは存在しないので、本機のスコアマークはこの機体で飛んだパイロットたちの合計戦果か、もしくは飛行隊戦果を示すと思われる。もうひとつの可能性として、ARRの宣伝写真班が訪れたため、チョークで勝利マークを描いたのかも知れない。この機体は4年間の戦争を生き残り、最後は操縦学校に送られた。

9
Bf109E-3 「黄色の35」製造番号2480　1941年7月遅く
キシニョフ　第7戦闘航空群第58戦闘飛行隊
この機体にはARRの1941年の戦いでソ連機2機を公認撃墜したイオン・シミオネスク予備少尉がたびたび搭乗した。彼はスコアを加え、少なくともスコア5をあげて終戦を迎えた。空気取り入れ口直後の斜めの勝利マークと、この航空群の「エーミール」だけに描かれた「ドナルド・ダック」に注目。

10
IAR80A 「白の86」 1941年7月　南ベッサラビア
第8戦闘航空群第41戦闘飛行隊　イオアン・ミク中尉
ARRの1941年の戦いで、ミクはIAR80パイロットとしては最多の、少なくとも11勝利をあげたが、うち8勝利はわずか10回の空戦で得たものだった。1944年5月18日、ミクはP-38ライトニングを1機撃墜し、最終スコアを13勝利とした。

11
Bf109E-3 「黄色の26」 1941年9月初め
ベッサラビア　サルツ　第7戦闘航空群第57戦闘飛行隊
ステファン・グレチェアヌ予備兵長
黄色いエンジンカウリングに白で"Nadia II"と書かれている。ローマ数字の"II"は本機がグレチェアヌにとり、戦闘で失われた最初の機に続く2機目の乗機という意味。グレチェアヌはベッサラビアの戦いで6機を撃墜し、エースとなった。「黄色の26」は1941年9月22日、ソ連第69戦闘機連隊のI-16がサルツ飛行場を機銃掃射した際に炎上、焼失した。

12
Bf109E-3 「黄色の11」製造番号2729
1942年晩夏　ブカレスト＝ピペラ
第7戦闘航空群　アレクサンドル・シェルバネスク中尉
シェルバネスクはルーマニアが枢軸側陣営にあった時代のARRのトップ・エースとなるが、このころの彼はまだ新人に過ぎず、本「エーミール」のコクピット下にある6本の勝利マークは彼の戦果ではない。枢軸機識別色の黄色いエンジンカウリングに白で"Adrian"とニック

ネームが書いてある。スピナはドイツ第4航空艦隊の基準に合わせて、四分の一が白、四分の三が黒に塗られている。方向舵の頂部が赤い理由は不明。この機体は1943年4月に改造されて攻撃機型のE-4B/U2となり、大戦を生き延びたが、1940年代遅くに登録抹消となった。

13
IAR80B 「白の199」 1942年9月 スターリングラード地区
第8戦闘航空群第60戦闘飛行隊 エミル・フリデリク・ドロク大尉
IAR社のテスト・パイロットを務めていたドロクは1942年、39歳で前線勤務を志願し、同年9月、スターリングラードの第60戦闘飛行隊長を命じられた。4カ月間の前線勤務を通じて、彼は42回実戦出撃し、公認撃墜3機(ヤクを2機、MiG-3を1機)、不確実撃墜1機(MiG-3)、地上破壊1機(型式不明の単発機)の戦果をあげた。彼の4勝利は乗機の垂直安定板に4個の「V」となって描かれている。「白の199」は1942年9月19日、単機襲来したソ連爆撃機により破壊された。

14
Bf109E-7 「黄色の64」製造番号704 1942年遅く
スターリングラード
第7戦闘航空群 ティベリウ・ヴィンカ予備伍長
ヴィンカは撃墜13機を公認されたエースだったが、1944年3月、ドイツ爆撃機の射手に誤って撃墜された。5本の勝利マーク、カウリングの"Nella"の文字、パイロットの頭文字の組み合わせ、それにチョークで書かれたルーマニア軍の最終目標地[モスクワ]などに注目。これは元ドイツ空軍所属機を手入れし直した機体で、スターリングラードへ送られたごく少数の「エーミール」の1機。1943年初めにはルーマニアに帰還した。のちにはドナウ川にかかる重要なチェルナヴォダ橋やコンスタンツァ港を防衛するため、第52戦闘飛行隊に引き渡された。

15
Bf109G-2 「白の8」(たぶん製造番号10360)
1943年7月 ミジル 第53戦闘飛行隊
ステファン・"ベベ"・グレチェアヌ予備伍長
これは11勝利をあげたエースで、ドイツ・ルーマニアの合同部隊、第4戦闘航空団第I飛行隊に配属されていたステファン・"ベベ"・グレチェアヌ予備伍長の乗機だったと思われる。

16
Bf109G-4 「白の4」製造番号19546 1943年夏
南ウクライナ 第7戦闘航空群第58戦闘飛行隊長
コンスタンティン・カンタクジノ予備大尉
1943年6月29日、単機で飛んでいたカンタクジノはアレクサンドロフカ付近で、機首を赤く塗ったソ連軍スピットファイアの4機編隊に遭遇した。彼はそのうち2機を撃墜したものの、残る敵に「グスタフ」をひどく撃たれ、炎上した乗機を友軍占領地内に胴体着陸させて、無傷で脱出した。"ブズ"・カンタクジノ公爵は終戦時には69勝利をあげ、ルーマニア第一のエースだった。この機体で明らかなように、ドイツ空軍からARRに前線用として貸与されたBf109G-2とG-4の大多数は、機体上面を、もとのグレー3色迷彩の上にARRのダークグリーンで上塗りしていた。

17
IAR80C 「白の279」 1943年8月
ブロイエシュティ近郊 トゥルグソルル・ノウ飛行場
第4戦闘航空群第45戦闘飛行隊長
イオン・ブルラデアヌ中尉
1943年8月1日、アメリカ陸軍機との初の対戦で、ブルラデアヌは「津波」作戦に参加したB-24D爆撃機を2機撃ち落とした。のちに彼はもう2機のB-24を撃墜したが(1944年4月21日に小隊協同で1機、2週間後にもう1機)、これらは公認とはならなかった。ブルラデアヌは1944年5月31日、基地へ戻る途中、クレジェニ=ルシーでアメリカ戦闘機に撃墜され戦死した。コクピット下の2本の縦筋は1943年8月1日のB-24に対する勝利のしるし。コクピット前方のブルラデアヌの個人マークに注意。「白の279」は1944年4月15日、南ウクライナのサキ飛行場で、撤退していくルーマニア軍部隊に破壊された。

18
Bf109G-2 「白の1」(たぶん製造番号14680) 1943年8月
ミジル ドイツ・ルーマニア合同第4戦闘航空団第I飛行隊配属
第53戦闘飛行隊
この機体は通常は飛行隊長ルチアン・トマ大尉の乗機だったが、1943年8月1日、「津波」作戦でB-24隊が飛来したため、ドゥミトル・エンチオユ伍長が大急ぎで飛び乗って迎撃に向かった。エンチオユはリベレーターを1機撃墜に成功したが、相手の防御銃火で冷却装置を撃たれ、トウモロコシ畑に胴体着陸をやむなくされた。翌年の夏、"ミトリカ"・エンチオユはマスタングを2機仕留め、総スコアを5勝利に伸ばした。トマの落としたソ連機を示す、白い方向舵に描かれた7本の黒い勝利マークと、槍を抱えた乗馬のミッキー・マウスの飛行隊マークに注目。

19
Bf110C-1 「黒の2Z+EW」製造番号1819 1943年8月1日
ブロイエシュティ 第6夜間戦闘航空団第12中隊(ルーマニア側記録では第51夜間戦闘飛行隊)
ドイツ・ルーマニア合同夜間戦闘飛行隊長、公爵マリン・ギカ大尉は「津波」作戦で来襲したアメリカ軍のB-24Dをこのファ110で白昼迎撃し、戦死した。彼と無線通信士兼後方射手のゲオルゲ・テリバンは機外脱出したものの、相手のパラシュートは開かなかった。ギカは至近距離からB-24を攻撃し、たぶん撃墜したが、相手の後方射手にBf110も致命傷を負ったのだった。B-24撃墜は証明されなかったとはいえ、得られたかも知れぬこの3勝利点がなくとも、34歳のギカはルーマニアの基準ですでにエースとなっていた。

20
Bf109E-3 「黄色の45」製造番号2731
1943年夏 ママイア 第5戦闘航空群第52戦闘飛行隊長
ゲオルゲ・イリエスク大尉
だいぶ風雨に痛んだこの機体はイリエスクの通常の乗機で、黄色いエンジンカウリングの上に女性名「Ilena」が白で書いてある。このベテラン「エーミール」は東部戦線でのARRの最初の二度の戦いに最後まで使われ、最後は黒海沿岸でソ連の侵入者を捜索するパトロールに従事した。

21
HS129B-2 「白の126a」製造番号141274 1943年10月
第8地上攻撃航空群 テオドル・ザバヴァ伍長
ザバヴァは1943年10月25日、アイゲンフェルト付近で本機によりヤク戦闘機を1機撃墜した。これを含め、彼はHs129で4勝利をあげているが、ほかの戦果の大部分はIAR80で得たものである。ザバヴァはいささか謎めいた人物で、いまだに写真も見つからないが、ルーマニアの記録文書によると、彼は敵10機を確実に、1機を不確実に、1機を協同でそれぞれ撃墜し、さらに1機を地上で破壊した。IAR80乗りでは第3位のエースだった。ザバヴァは1944年1月29日、便乗していた飛行機の事故で死亡した。

22
Bf109E-4 「黄色の47」製造番号2643 1943年遅く ママイア
第5戦闘航空群第52戦闘飛行隊 イオン・ガレア少尉
パイロットの頭文字「i G」を組み合わせたものが、黄色いエンジンカウリングに白で書かれている。垂直安定板のカギ十字のあったところに小さな勝利マークが書かれていることに注意。当時、第7戦闘航空群のBf109Eが風防の下にもっと太い斜めの勝利マークを描いていた(塗装例14を参照)のと対照的である。ガレアの最初の戦果3機はPe-2爆撃機/偵察機が2機、ヤク戦闘機が1機で、すべて1943年にママイア=チェルナヴォダ=コンスタンツァ地区であげたものだった。終戦を迎えたときのスコアは撃墜確実5機、不確実2機で、ARRの算定システムでは少なくとも12勝利に相当する。

23
IAR81C 「白の341」 1944年2月
ボベスティ=レオルデニ飛行場
第6戦闘航空群 ドゥミトル・"タケ"・バチウ少尉
1944年初め、このIAR81Cを割り当てられた時点で、"タケ"・バチウ

はすでに3勝利を得ていた——1942年12月20日にスターリングラード近くで落としたヤク1機と、同日後刻に撃墜を報告した型式不明のソ連双発爆撃機で、あとのほうは公認されなかった。1944年夏、バチウはアメリカ機を2機撃墜し(5月10日にP-38ライトニング、6月23日にB-17「空の要塞」)、さらに5勝利を獲得した。ARRが枢軸軍と戦うようになったのちの1944年9月23日、中尉に進級していたバチウはドイツ空軍のBf109Gを1機撃墜し、公認されたが、IAR80/81のパイロットでこんな珍しい離れ業を成し遂げたのは彼を含めて3名しかいない。バチウはルーマニア軍の大戦最後の空中勝利を、同盟軍(名目上だが)のソ連軍ヤク戦闘機に対して記録した可能性がある。このヤクは1945年5月4日、チェコスロヴァキア上空で、バチウたちのBf109Gの2機編隊を攻撃してきた。バチウ自身も撃墜されたが、怪我はなかった。バチウの勝利は公式には認められず、著者が本書のための調査で最近発見した。エンジンカウリングにバチウの個人マーク、ウォルト・ディズニーの"バンビ"が細かく描かれていることに注意。

24
Bf109G-4 「白のJ」 1944年4月遅く
ベッサラビア ライプツィヒ
第7戦闘航空群第57戦闘飛行隊 ダン・スクルトゥ大尉
スクルトゥは航空群のベテランのひとりで、戦争が終わったとき、この31歳のパイロットは84回の空戦で敵9機を確実に、3機を不確実に撃墜していた。彼の乗機は第57飛行隊所属の「グスタフ」の例にならい、通常のような数字でなくアルファベット文字を、胴体にでなく垂直安定板に書いていた。このBf109Gの迷彩塗装も普通とは異なっている。

25
IAR80A 「白の97」 1944年5月5日 プロイエシュティ
第1戦闘航空群 ドゥミトル・ケラ伍長
1944年5月5日、ケラはプロイエシュティ近くで1機のB-24と交戦し撃墜、5月7日と18日にもアメリカ軍4発爆撃機に対して続けてスコアをあげた。1944年8月23日にルーマニアが陣営を変えたのち、"ミティカ"・ケラは第6戦闘航空群第65戦闘飛行隊に加わった。ドイツ空軍に殺された戦友たちの復讐のため、1944年9月23日の午後遅く、彼は喧嘩早い"タケ"・バチウの僚機となって、トゥルダの北にある枢軸軍飛行場に無許可の機銃掃射攻撃をかけた。そして2人ともHe111Hを1機ずつ地上で破壊し、さらにケラはタキシング中のFw190も1機炎上させたと述べている。だがこれらの戦果は公式には認められなかった。この個人的冒険を別にして、ケラの最終スコアは13勝利だった。

26
IAR81C 「白の344」 1944年6月10日
ポペスティ=レオルデニ 第6戦闘航空群司令
ダン・ヴァレンティン・ヴィザンティ大尉
当日、この機体に乗った34歳のヴィザンティは部隊を率いて、低空を飛ぶアメリカ第1戦闘航空群第71戦闘飛行隊のP-38J隊に攻撃をかけ、混戦のなかで彼は2機のライトニングを撃墜したと認められた。伝えられるところでは、ヴィザンティはIAR80/81パイロット中の最多撃墜者で、少なくとも43勝利をあげ、ARR第4位のエースとなった。彼はまたアメリカ軍4発爆撃機に対して最も戦果を収めたパイロットでもあり、12機撃墜を報告している。

27
Bf109G-6 「白の2」(たぶん製造番号166161)
1944年7月 第9戦闘航空群第47戦闘飛行隊
飛行隊長ゲオルゲ・ポペスク=チオカネル大尉は1944年7月26日、テクチ上空でアメリカ第15航空軍のP-51隊と戦って撃墜された際、この機体に搭乗していたといわれる。ポペスク=チオカネルは重い火傷を負って、10日後に地元の病院で亡くなったが、それまでに彼は40回を超える空戦で13機を確実に、1機を不確実に撃墜していた。第9戦闘航空群の「デスロッホ=シェルバネスク」の紋章が描いてあることに注意。

28
Bf109G-6 「黄色の1」 1944年8月
第9戦闘航空群司令 アレクサンドル・シェルバネスク大尉
1944年8月4日、シェルバネスクは最後の獲物となる第52戦闘航空群のP-51を1機撃墜、総スコアを55勝利とし、ARRで第2位のエースとなった。その後1944年8月18日、本機で飛行中、ブラショフ付近でマスタングに奇襲され戦死した。

29
IAR81C 「白の343」 1944年9月14日
第2戦闘航空群 ヴァシレ・ミリラ曹長
1944年9月14日、ミリラは本機で枢軸軍の主要基地、コロズヴァール(クルージュ)近くのサモシュファルヴァ(ソメセニ)に低空の機銃掃射攻撃をかけた。多数の対空砲で守られた飛行場を1航過したあと、ミリラは基地に戻り、"巨大なゴータのグライダー"(たぶんドイツ空軍のGo242)を炎上させたと報告した。それ以前、ミリラは1941年6月27日にI-16を1機、7月21日に型式不明のソ連偵察機1機、1944年7月22日にB-24を1機、それぞれ撃墜しており、"ゴータ"は彼の4機目の、そして最後の戦果となった。国籍マークが枢軸陣営時代の「ミハイ十字」に替わって、戦前の赤/黄/青の「蛇の目」となったところに注目。胴体の白帯と白い翼端は連合軍機の識別塗装。

30
Bf109G-6 「黄色の3」製造番号165560 1944年遅く
第9戦闘航空群 トゥドル・グレチェアヌ中尉
グレチェアヌは1944年10月14日から12月14日までこの機に搭乗し、ARRの対枢軸軍の戦いに加わった。G-6の最終生産型で導入された、視界を改善したエルラ風防と背の高い尾翼に注目。グレチェアヌは終戦時、撃墜確実18機、不確実少なくとも5機のスコアをあげていたが、このなかに枢軸機は1機もない。第7戦闘航空群の紋章がエンジンカウリングに描かれている。

31
IAR81C 「白の319」 1945年2月9日
ハンガリー デブレツェン
第2戦闘航空群第66戦闘飛行隊 ゲオルゲ・グレク伍長
グレクは、ドイツ側に亡命しようとしたルーマニアのHs129B-2「白の214b」をこの機体で撃墜した。ソ連の命令でなされた、議論のあるこの撃墜により、彼は赤旗勲章を与えられた。グレクはそれ以前、第4戦闘航空群第49戦闘飛行隊に勤務し、1944年8月25日、IAR81C「白の394」でドイツ軍の輸送機2機(Me323ギガント"17"とJu52/3m"107")をブカレスト付近に撃墜している。これらの3機は、グレクに非公式に与えられた8勝利のうち7勝利を占めている。

32
Bf109G-6 「赤の2」製造番号166169
1945年2月 ルチェネツ 第9戦闘航空群
ARR第1位のエースで第9戦闘航空群司令、コンスタンティン・カンタクジノ予備大尉は1945年2月25日、スロヴァキアのデトヴァ北西でドイツ第52戦闘航空団のBf109Gに撃墜されたが、そのとき本機に搭乗していたと思われる。その数分前、彼はFw190Fを1機撃墜し、これが54機目の、かつ最後のスコアとなった。ARRシステムでは69勝利になり、第二次大戦におけるルーマニア最高のエースである。

裏表紙
IAR81M 「白の104」 1944年春 ロシオリ・デ・ヴェデ
第1戦闘航空群 ゲオルゲ・グラン少尉
この機体は以前は急降下爆撃機として使われていたが、20mmマウザー機関砲2門を取り付けたのち(その結果"M"の接尾文字がついた)、「津波」作戦に続いて出現が予想されるアメリカ軍重爆撃機と戦うための重戦闘機任務を割り当てられた。コクピット下の垂直な3本の筋は、パイロットのグランが東部戦線であげたとされる地上勝利のしるし。彼は最終的にB-24撃墜2機(うち1機は協同)で、6空中勝利をあげて戦争を終えた。

◎著者紹介 | デーネシュ・ベルナード　Dénes Bernád

20年以上にわたって、自身の生まれ故郷であるルーマニアを中心とした、中央～東ヨーロッパの航空史を研究。1992年からカナダのトロントに在住している。本書は、彼の10冊めの著作（共著も含む）となる。

◎訳者紹介 | 柄澤英一郎（からさわ　えいいちろう）

1939年長野県生まれ。早稲田大学政治経済学部卒業。朝日新聞社入社、『週刊朝日』『料学朝日』各編集部員、『世界の翼』編集長、『朝日文庫』編集長などを経て1999年退職、帰農。著書に『日本近代と戦争』（共著、PHP研究所刊）など、訳書に『第二次大戦のポーランド人戦闘機エース』『第二次大戦のイタリア空軍エース』『第二次大戦のフランス軍戦闘機エース』『スピットファイアMkVエース1941-1945』（いずれも大日本絵画刊）などがある。

オスプレイ軍用機シリーズ **45**

第二次大戦のルーマニア空軍エース

発行日	2004年7月9日　初版第1刷
著者	デーネシュ・ベルナード
訳者	柄澤英一郎
発行者	小川光二
発行所	株式会社大日本絵画 〒101-0054 東京都千代田区神田錦町1丁目7番地 電話：03-3294-7861 http://www.kaiga.co.jp
編集	株式会社アートボックス
装幀・デザイン	関口八重子
印刷/製本	大日本印刷株式会社

©2003 Osprey Publishing Limited
Printed in Japan
ISBN4-499-22848-4　C0076

Rumanian Aces of World War 2
Dénes Bernád
First published in Great Britain in 2003,
by Osprey Publishing Ltd, Elms Court,
Chapel Way, Botley, Oxford, OX2 9LP.
All rights reserved.
Japanese language translation
©2004 Dainippon Kaiga Co., Ltd.